ARBEITSGEMEINSCHAFT FÜR FORSCHUNG
DES LANDES NORDRHEIN-WESTFALEN

86. Sitzung
am 4. Februar 1959
in Düsseldorf

ARBEITSGEMEINSCHAFT FÜR FORSCHUNG
DES LANDES NORDRHEIN-WESTFALEN

HEFT 72

Rudolf Wille

Modellvorstellungen zum Übergang Laminar-Turbulent

Josef Meixner

Neuere Entwicklungen der Thermodynamik

WESTDEUTSCHER VERLAG · KÖLN UND OPLADEN

ISBN 978-3-663-00792-0 ISBN 978-3-663-02705-8 (eBook)
DOI 10.1007/978-3-663-02705-8

Gesamtherstellung: Westdeutscher Verlag ·

Inhalt

Modellvorstellungen zum Übergang Laminar-Turbulent*

Von Professor Dr. *Rudolf Wille*, Berlin

I. Einleitung

Das Problem der Entstehung der turbulenten Strömung aus der laminaren wird seit rund 80 Jahren experimentell und theoretisch behandelt. Ausgangspunkt ist der klassische Reynoldssche Farbfadenversuch der Rohrströmung[1]. Dieses Experiment wird heute in jeder Vorlesung über Strömungslehre vorgeführt. Abbildung 1 zeigt den laminaren Strömungszustand: Der in der Wasserströmung mitlaufende Farbfaden fließt ungestört und mischt sich mit der Umgebung nur durch Molekulardiffusion. Abbildung 2 zeigt den turbulenten Strömungszustand. Die Farbe wird durch Querbewegungen über den gesamten Rohrquerschnitt verteilt. In dem hier dargestellten Abschnitt der Versuchsstrecke wurde der Übergang zur turbulenten Strömung durch Steigerung der Geschwindigkeit erreicht. Das Einsetzen der Turbulenz erfolgte nicht plötzlich, sondern es gibt einen breiten Bereich der Geschwindigkeit, in dem, für den festgehaltenen Ort, laminare und turbulente Strömungszustände zeitlich wechseln. Man spricht in dieser Hinsicht von einem „Übergangsgebiet" der Geschwindigkeit oder der Reynoldsschen Zahl. Dieser Geschwindigkeitsbereich bereitet dem Rohrleitungsingenieur erhebliche Schwierigkeiten, da den wechselnden Strömungszuständen nur sehr unsichere Verlustbeiwerte zugeordnet sind. Beobachtet man andererseits die Umgebung des Rohreinlaufs, wo das Wasser samt dem Farbfaden aus einem weiten Gefäß in den Rohrquerschnitt konvektiv beschleunigt übertritt, so erkennt man auch bei hohen Geschwindigkeiten ein „lokales Übergangsgebiet", in dem der laminare Farbfaden längs seines Wegs anwachsende Störungen zeigt, die nach einer bestimmten

* Die Deutsche Forschungsgemeinschaft stellte die Mittel zum Bau von Versuchsanlagen und zur Beschaffung von Meßgeräten zur Verfügung. Hierfür möchte ich meinen Dank auch an dieser Stelle aussprechen.

[1] *O. Reynolds*, Phil. Trans. Roy. (1883).

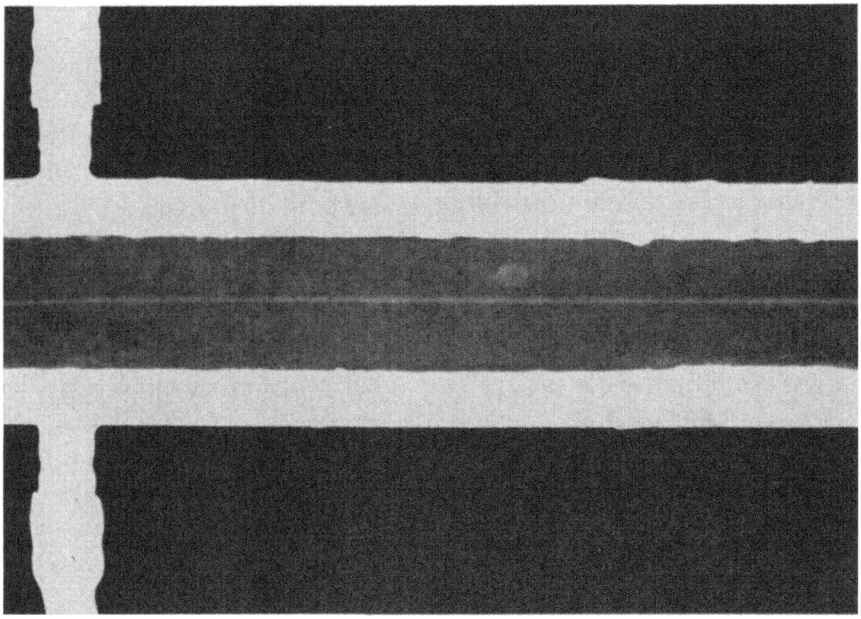

Abb. 1: Reynoldsscher Farbfadenversuch. Laminare Strömung, Re = 2000

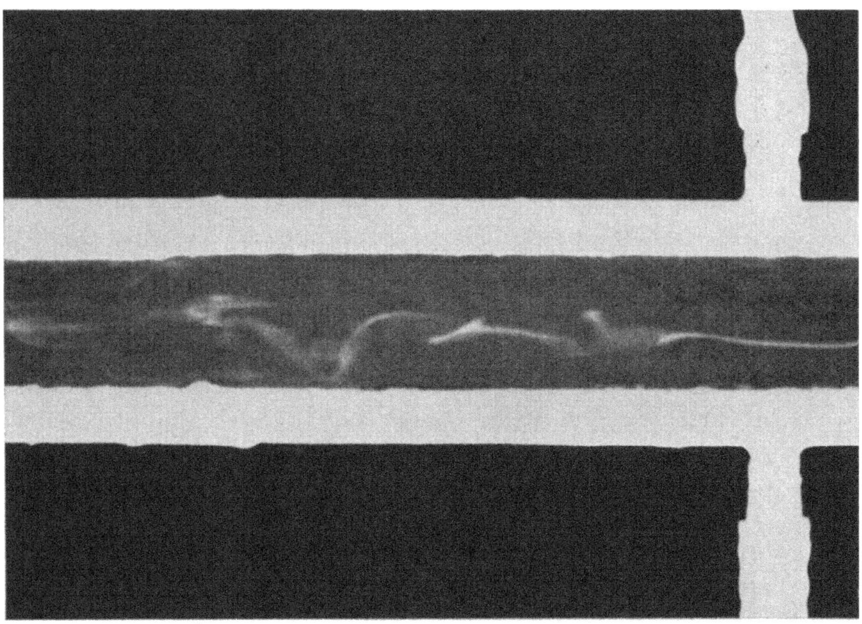

Abb. 2: Reynoldsscher Farbfadenversuch. Turbulente Strömung, Re = 3000

Lauflänge stromab in die Turbulenz übergehen. Die Untersuchung des Einflusses der Störungen im Rohreinlauf auf die Rohrturbulenz war Gegenstand der Arbeiten von *Schiller*[2 3 4], *Naumann*[5 6] und *Kurzweg*[7]. Wirbelströmungen, die denen von der Schillerschen Schule für den Rohreinlauf untersuchten in vieler Hinsicht ähnlich sind, wurden als charakteristisches Merkmal des einem bestimmten Bereich der Reynoldsschen Zahl zugeordneten lokalen Übergangsgebietes eines Freistrahls von *Wille*[8], *Domm*[9], *Wehrmann*[10] und *Fabian*[11] untersucht. Die Arbeiten dieser Forschungsgruppe ermöglichen es, zunächst für den Sonderfall der Turbulenzentstehung im Freistrahl die im lokalen Übergangsgebiet vorherrschenden Strömungsvorgänge anschaulich zu beschreiben und vereinfachte Modelle, die zu numerischen Angaben führen können, zu entwickeln. Damit ist zugleich ausgesprochen, daß nur ein kleines Gebiet des insgesamt großen Problems berührt wird. Auch aus diesem abgegrenzten Gebiet kann nicht über mehr als über erste Sondierungen berichtet werden.

Das Werkzeug des Turbulenzforschers ist die Hitzdrahtapparatur. Nur die Hitzdrahtsonde in Verbindung mit moderner elektronischer Verstärker- und Recordertechnik ermöglicht es, Informationen über Strömungsfelder, die von hochfrequenten Geschwindigkeitsfluktuationen beherrscht werden, zu gewinnen. Wie allerdings diese Informationen, die als Oszillographen-Signale geliefert werden, in die Sprache der Hydrodynamik zu übersetzen sind, ist ein Problem, dessen Schwierigkeit oft unterschätzt wird. Abbildung 3 zeigt eine Eindraht-Hitzdrahtsonde, wie sie zur Untersuchung periodischer Vorgänge benutzt wird. Abbildung 4 zeigt elektronische Geräte der Hitzdrahttechnik, die von *Wehrmann*[12] im Hermann-Föttinger-Institut der Technischen Universität Berlin entwickelt wurden, und die in Kombination mit handelsüblichen Oszillographen und verwandten Geräten zur Zeit im DVL-Institut für Turbulenzforschung, Berlin, verwendet werden.

[2] *L. Schiller*, Proc. 5th Intern. Congr. Appl. Mech. (1938).
[4] *L. Schiller* und *A. Naumann*, Ing. Arch. XI (1940).
[5] *A. Naumann*, Forschg. Ing. Wes. 2 (1931).
[6] *A. Naumann*, Forschg. Ing. Wes. 6 (1935).
[7] *A. Kurzweg*, Ann. Phys. 5. Folge, 18 (1933).
[8] *R. Wille* und *U. Domm*, Jahrb. S.T.G. 46 (1952).
[9] *U. Domm*, DVL-Bericht Nr. 23 (1956).
[10] *O. Wehrmann* und *R. Wille*, Grenzschichtforschung, LUTAM Symp., Freiburg i. Br. 1957, Springer 1958.
[11] *H. Fabian*, Diss. T.U., Berlin (1959).
[12] *O. Wehrmann*, Konstruktion 10, H. 8 (1958).

II. Instabilität der Laminarströmung

Reynolds war bereits der Ansicht, daß die Entstehung der Turbulenz als Instabilität der Laminarströmung zu erklären sei. Aufbauend auf der Prandtlschen Grenzschichttheorie wurde später in Göttingen die Stabilitätstheorie der Turbulenzentstehung entwickelt. *Tollmien* und *Schlichting* verdanken wir die entscheidenden Arbeiten, die heute in vielfacher Form zugänglich sind[13 14 15]. Die Theorie ermöglicht es, für viele Fälle von Wandgrenz-

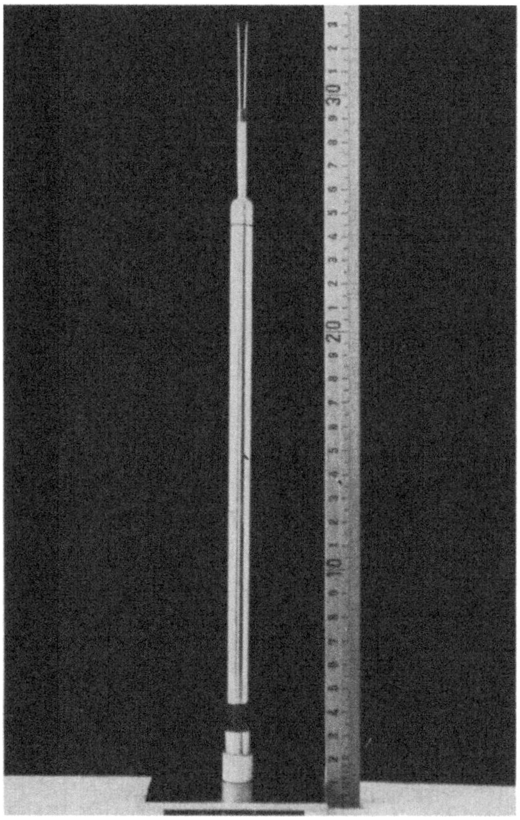

Abb. 3: Hitzdrahtsonde.

[13] *W. Tollmien* in Handbuch der Experimentalphysik IV. 1.
[14] *W. Tollmien*, ZAMM 33 (1953).
[15] *H. Schlichting*, Grenzschichttheorie, G. Braun 1958.

schichten Zuordnungen von Störungsfrequenz β_r und Reynoldsscher Zahl $Re_{\delta *}$ abzugrenzen, für die infinitesimale Geschwindigkeitsfluktuationen ständig anwachsen. Für die technisch wichtige Plattengrenzschicht zum Beispiel läßt sich eine Lauflänge der Strömung berechnen, nach der die laminare Grenzschnittströmung labil wird: Die Tollmien-Schlichting-Theorie liefert den „Labilitätspunkt". An dieser Stelle beginnt das lokale Übergangsgebiet der Wandgrenzschicht, an dessen stromab liegendem Ende der turbulente Zustand erreicht wird.

Die Berechnung des Turbulenzpunktes ist bisher noch für kein Beispiel gelungen. Um so mehr wird in allen aerodynamischen Forschungsstätten der Übergang laminar-turbulent experimentell behandelt. Das Aufsuchen der beherrschenden Parameter ist von großer technischer Bedeutung. Gelingt es, die Wandgrenzschichten von schlanken Flugkörpern laminar zu halten, so bleibt die Reibungsarbeit und damit die Erwärmung gering. Bei Freistrahlen ist die Turbulenzentstehung mit der Geräuschentwicklung verbunden.

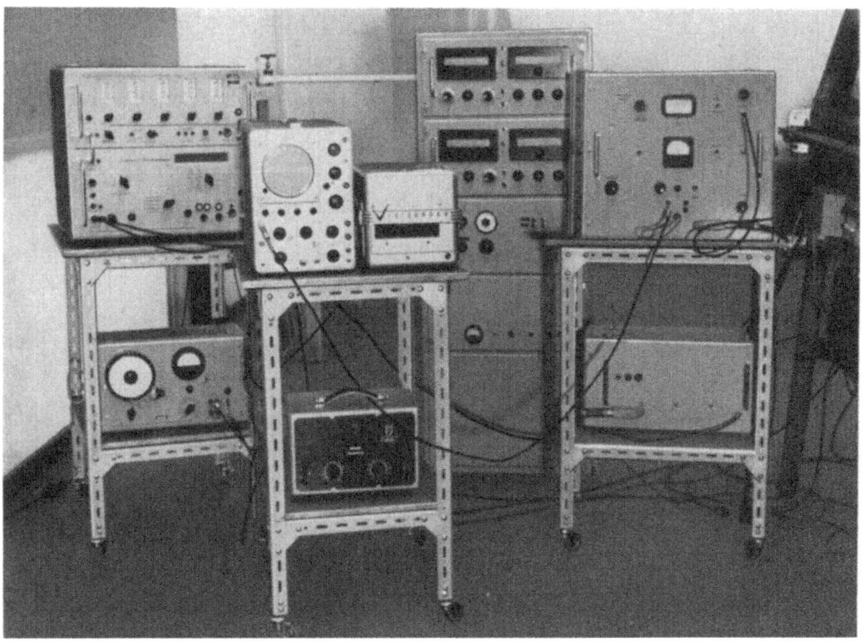

Abb. 4: Elektronische Verstärker und Rekorder für die Turbulenzmessung nach der Hitzdrahtmethode.

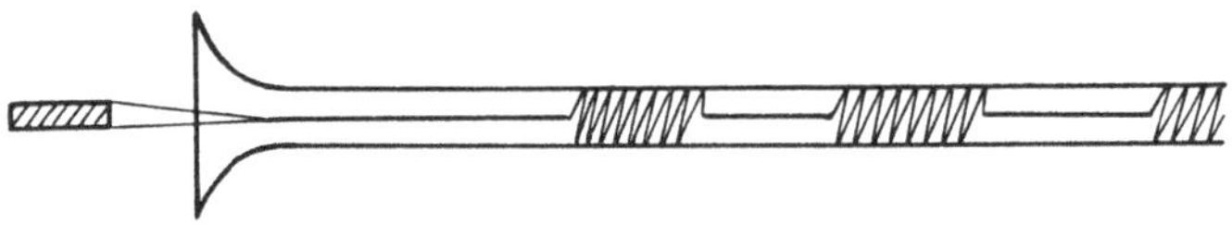

Abb. 5: „Flashes of Turbulences“ im Rohr. Nach O. Reynolds.

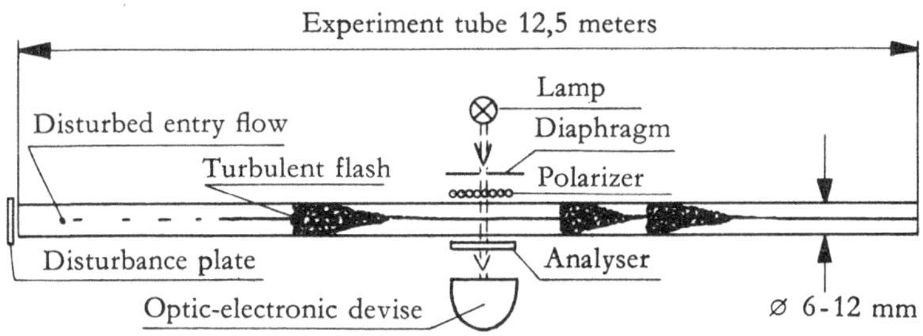

Abb. 6: Rohrturbulenz. Versuchsanordnung von R. Lindgren.

Die experimentellen Befunde lassen sich heute noch nicht auf einen Nenner bringen. Es scheint so zu sein, daß in einer zweidimensionalen Wandgrenzschicht oder in einer zweidimensionalen freien Grenzschicht oder in einer axialsymmetrischen Grenzschicht, die aus einer Kreisdüse austritt, die entsprechend der Tollmien-Schlichting-Theorie angefachten infinitesimalen wellenförmigen Störungen, sich auf verschiedene Weise zu endlichen Störungen entwickeln. Die Ansätze zur Berechnung des Turbulenzpunktes gehen daher auch, je nach den physikalischen Randbedingungen, von verschiedenartigen Modellvorstellungen aus.

III. Intermittierender Einsatz der Turbulenz

Einige aus Experimenten erhaltene Informationen lassen sich mit dem Anspruch auf allgemeine Gültigkeit aufzählen:

a) Die Endphase des Übergangs „laminar-turbulent“ ist stets ein dreidimensionaler Strömungszustand.
b) Die Turbulenz setzt intermittierend (räumlich und zeitlich) ein.
c) Die die Intermittenzerscheinung hervorrufenden Turbulenznester wachsen oberhalb einer kritischen Re-Zahl.
d) Eine Einlaufturbulenz vergeht unterhalb einer kritischen Re-Zahl wieder.

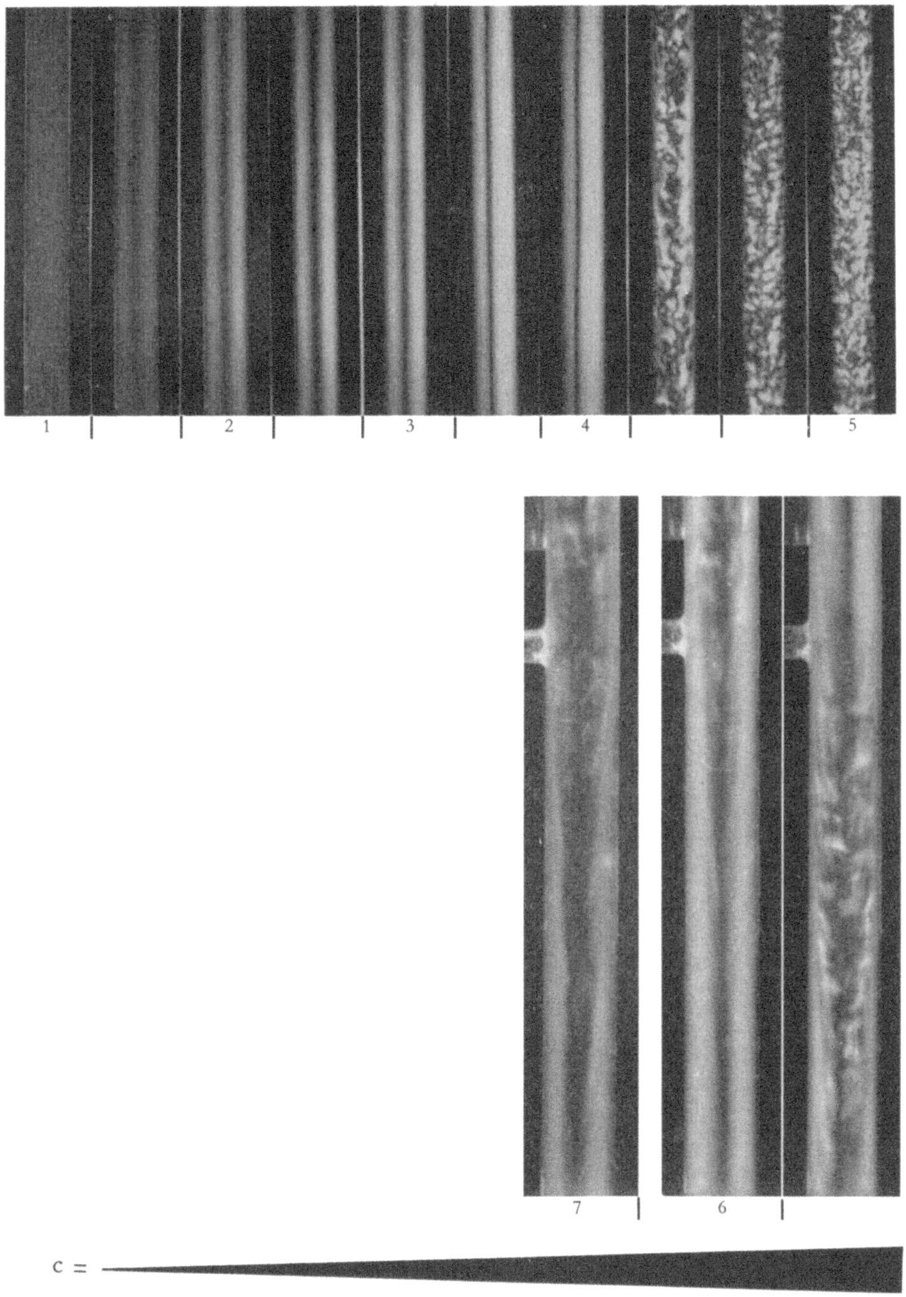

Abb. 7: Strömungserscheinungen im Kreisrohr nach R. Lindgren.

Will man diese Befunde besonders klar beobachten, muß man dafür sorgen durch die Auswahl des speziellen Strömungsproblems, daß die Re-Zahl mit der Lauflänge konstant bleibt. Will man darüber hinaus ohne komplizierende Registrierapparaturen das gesamte Strömungsgebiet bezüglich Turbulenz und Laminarität überschauen, so wird man als Modellfall eine flache Wasserströmung mit freier Oberfläche untersuchen. Das hat als erster *Emmons*[16] getan. Er fand jene als „spots“ bekannten dahintreibenden Turbulenznester, die die Ursache der Intermittenz sind. *Huhnt*[17] hat das

Abb. 8: Flachwasserströmung über eine ebene Platte. Übergang von einer zweidimensionalen Welle in eine dreidimensionale „Näpfchen“-Welle (D. Huhnt [19]).

[16] *R. Emmons*, J. Aeronaut. Sc. 18 (1951).
[17] *D. Huhnt*, Diss. T.U. Berlin (1958) und DVL-Bericht Nr. 92.

Abb. 9: Flachwasserströmung über eine ebene Platte. Entwickelter turbulenter „spot“ (D. Huhnt [19]).

Problem aufgegriffen und u. a. gezeigt, wie es zum Auftreten der Turbulenznester kommen kann. Dabei stellte sich heraus, daß ein Anfangsstadium besteht, das eine gewisse Verwandtschaft zu den *Tollmien*-Wellen besitzt, da es sich um ebene angefachte Wellenstörungen handelt. Dieses Wellenstadium mit zweidimensionaler Amplitude zerfällt in ein zweites mit dreidimensio-

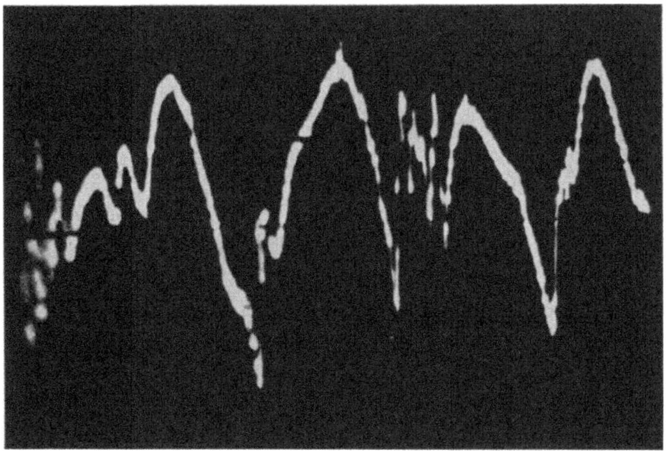

Abb. 10: Hitzdrahtsignal der Geschwindigkeitsschwankungen mit intermittierenden Turbulenzausbrüchen. Randzone eines Freistahls. Düsendurchmesser D = 50 mm ∅. Re_D = 16 000.

naler Amplitude. Dieses zweite Wellenstadium wird instabil und initiiert spot-Keime.

Die spot-Keime wachsen oberhalb einer kritischen, sehr genau meßbaren Re-Zahl und vergehen unterhalb davon wieder nach einer gewissen Lebensdauer. Dieser Befund ist deswegen bemerkenswert, da die Flachwasserströmung mehrere Parameter besitzt, so daß man unter Fortlassen physikalischer Vorstellungen ohne weiteres eine kritische Parameterfunktion hätte erwarten können. Somit erweist sich auch hier wieder, daß für das Auftreten der turbulenten Strömungsform allein die Größe der Re-Zahl maßgebend ist.

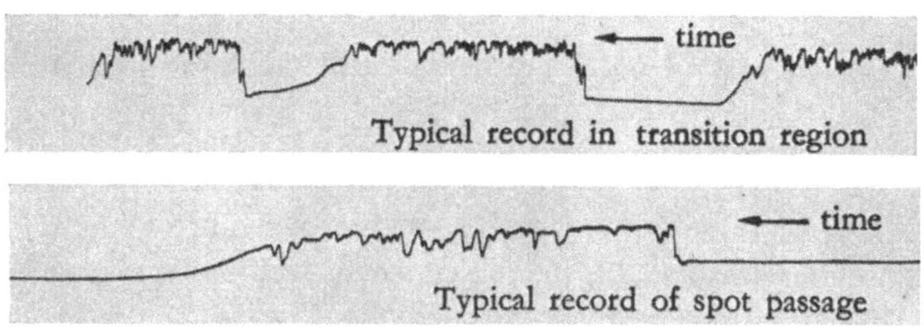

Abb. 11:
Hitzdrahtsignal eines „spots" in der Plattengrenzschicht nach G. B. Schubauer [23].

IV. Turbulenzanfachung im Freistrahl

Wir sprechen von einem Freistrahl, wenn ein strömendes Medium, gasförmig oder flüssig, aus einer Düse austritt und sich im gleichen, praktisch unendlich ausgedehnten Medium entwickeln kann. Die folgenden Betrachtungen beziehen sich auf Vorgänge bei kleinen Machschen und Reynoldsschen Zahlen; man kann also voraussetzen, daß sich in Wasser und in Luft die gleichen Erscheinungen einstellen.

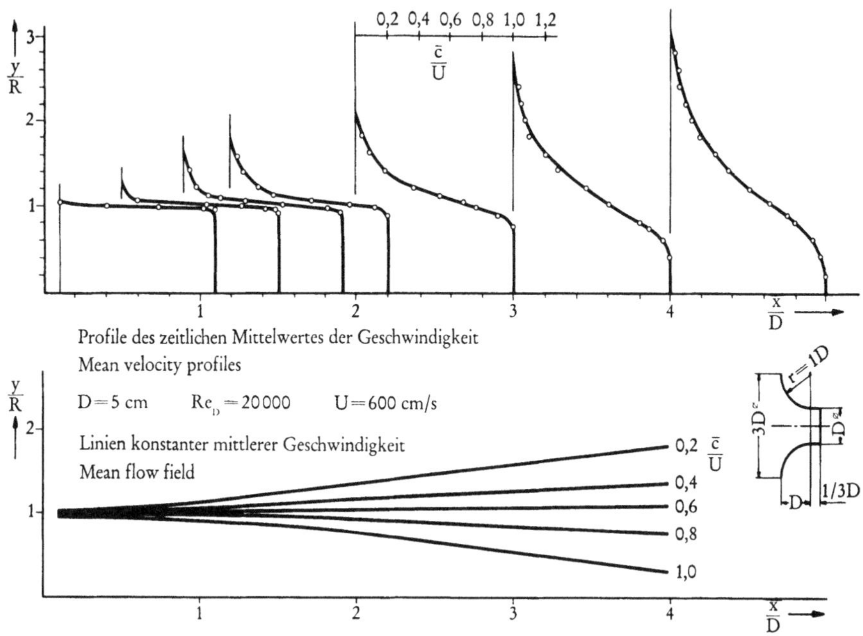

Abb. 12: Profile des zeitlichen Mittelwerts der Geschwindigkeit und Linien konstanter Geschwindigkeit eines Freistrahls.

Das Strömungsfeld eines stationären Freistrahls ist vielfach theoretisch und experimentell behandelt worden. Eine umfassende Darstellung findet man bei *S. I. Pai*[18]. Eine Einschränkung darf jedoch vermerkt werden: Die meisten Untersuchungen beschreiben die Eigenschaften eines völlig turbulenten Freistrahls. Dieser Zustand wird aber erst in einer Entfernung von 6 bis 7 Düsendurchmessern stromab erreicht. In der Nähe der Düse existiert ein Strahlkern, in dem die Geschwindigkeit, die in der Düsen-

[18] *S. I. Pai*, Fluid Dynamics of Jets, van Nostrand Comp. New York (1954).

Abb. 13: Unterdruckkammer mit Einströmdüse.

Abb. 14: Blick auf die Düsenmündung im Innern der Unterdruckkammer.

Austrittsebene gemessen wurde, nachweisbar ist. In Abbildung 12 sind typische „Geschwindigkeitsprofile" und Linien gleicher Geschwindigkeit dargestellt.

Der Strahlkern wird konzentrisch von einem Übergangsgebiet umfaßt, in dem sich, ausgehend von der ins Freie übertretenden Wandgrenzschicht der Düse, die Anfachung turbulenter Geschwindigkeitsschwankungen vollzieht. Für den Bereich der auf den Düsendurchmesser bezogenen Reynoldsschen Zahl, dem eine laminare Wandgrenzschicht der Düse zugeordnet ist, vollzieht sich in der axialsymmetrischen ins Freie übertretenden Grenzschicht ein Übergang laminar-turbulent mit charakteristischen Erscheinungen. Dieses Übergangsgebiet ist Gegenstand der unter[8 9 10 11] zitierten Arbeiten. Hierbei, wie in der folgenden Betrachtung wurde die Düsen-Kontur und die Geschwindigkeitsverteilung in der Grenzschicht nicht als Parameter behandelt; die Vorgeschichte der „freien" Grenzschicht ist unbekannt.

Unsere im Hermann-Föttinger-Institut der Technischen Universität Berlin und im DVL-Institut für Turbulenzforschung laufenden Untersuchungen über die Turbulenzanfachung im Freistrahl werden in einer kreiszylindrischen Unterdruckkammer von 2 m Durchmesser und 2 m Länge durchgeführt. Abbildung 13 zeigt eine Ansicht des „Fasses". Im Hintergrund steht der große Schalldämpfer, der den Radialventilator der Anlage einkapselt. Abbildung 14 zeigt einen Blick auf die Düsenmündung im Innern der Kammer. Am rechten Bildrand erkennt man den Sondenhalter und die Traversierungsvorrichtung.

Die Erzeugung des zu untersuchenden Strahles erfolgt derart, daß Luft aus der Versuchshalle in die Unterdruckkammer hineingesaugt wird. Durch diese Anordnung wird erreicht, daß die Luft mit dem geringsten möglichen Turbulenzgrad in die Düse eintritt und daß der Strahl in eine Umgebung eintritt, deren Zustand jederzeit reproduzierbar ist. Alle verwendeten „Düsen" entsprachen in ihrer Kontur den VDI-Normdüsen, wie sie zur Messung des Mengenstroms verwendet werden.

Benutzt man zur Aufzeichnung der Strahlgeschwindigkeiten ein Hitzdrahtmeßgerät, so ergibt sich eine Darstellung, die von der Aufzeichnung der Profile der mittleren Geschwindigkeit abweicht. Abbildung 15 und Abbildung 16 zeigen die radiale Geschwindigkeitsverteilung für verschiedene Abstände von der Düse und für vier Strahlgeschwindigkeiten. Jedem Meßpunkt ist die dort aufgegriffene Geschwindigkeit maßstabgerecht zugeordnet. Diese Diagramme wurden automatisch aufgezeichnet, wobei die kontinuierliche Bewegung der Hitzdrahtsonde quer durch den Strahl mit dem Papiervorschub des Oszillographen synchronisiert wurde. Wegen der starken zeitlichen Schwankung der Geschwindigkeit am jeweiligen Meßort erscheint die radiale Geschwindigkeitsverteilung als Band veränderlicher Breite. Im Strahlkern und weit außerhalb der Randzone sind die Schwankungen Null.

Die gleichzeitige Aufnahme des Niveaus der örtlichen Geschwindigkeit und der überlagerten hochfrequenten zeitlichen Schwankungen, beides im gleichen Maßstab, wurde mit dem von *O. Wehrmann*[15] entwickelten Hitzdrahtgerät durchgeführt. Dieses Gerät arbeitet nach der Methode „Konstanter Widerstand", d. h. die Temperatur des Hitzdrahts wird automatisch auf den anfangs eingestellten Wert gehalten. Eine elektronische Rechenvorrichtung liefert am Ausgang des Geräts eine der Geschwindigkeit linear proportionale Spannung. Die technischen Daten sind: Frequenzbereich 0...5 kHz, maximale Geschwindigkeit 120 m/s. Zur Aufzeichnung der Meßwerte wurde ein Honeywell-Recorder mit einem Galvanometer, dessen Frequenzbereich von 0...1000 Hz reicht, verwendet. Bei einer

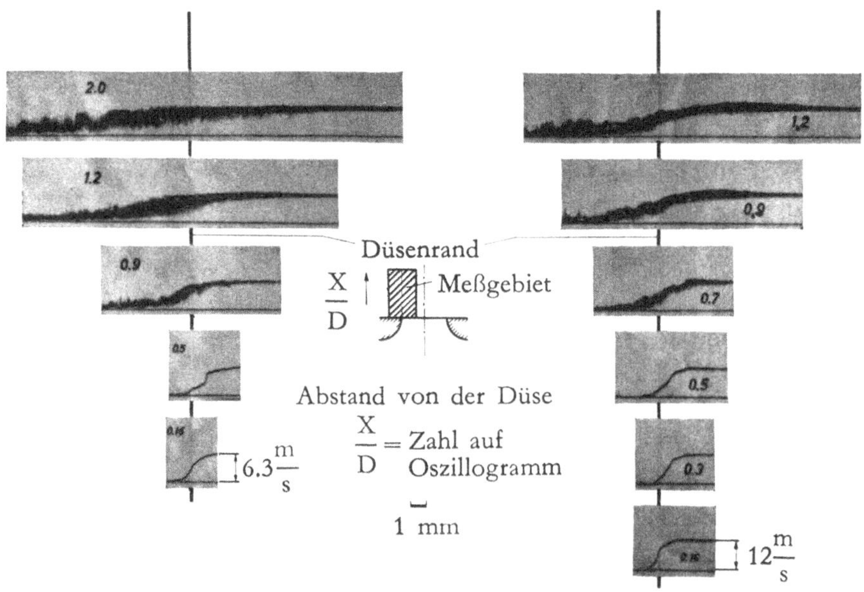

Abb. 15: Geschwindigkeitsverteilung in der Randzone eines Freistrahls mit überlagerten Geschwindigkeitsschwankungen I.

a) Geschwindigkeit in Düsenmündung: $U_M = 6.3\frac{m}{s}$

b) Geschwindigkeit in Düsenmündung: $U_M = 12\frac{m}{s}$

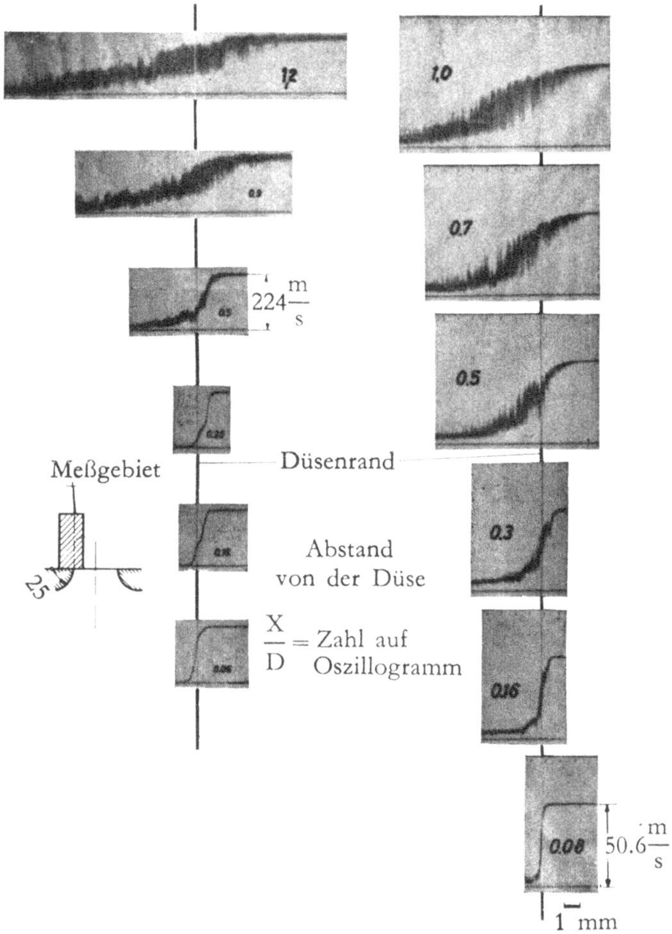

Abb. 16: Geschwindigkeitsverteilung in der Randzone eines Freistrahls mit überlagerten Geschwindigkeitsschwankungen II.
a) Geschwindigkeit in Düsenmündung: $U_M = 22.4 \frac{m}{s}$
b) Geschwindigkeit in Düsenmündung: $U_M = 50.6 \frac{m}{s}$

Strahl-Austrittsgeschwindigkeit von $U_M = 50$ m/s und einer Düse von D = 5 cm Durchmesser liegen die Frequenzen der Geschwindigkeitsschwankungen allerdings bei 5000 Hz, so daß für diese hohe Geschwindigkeit die Schwankungsbreite nicht mehr verzerrungsfrei dargestellt ist.

Die wichtigsten Ergebnisse, die aus diesen Diagrammen abgelesen werden können, sind:

a) In unmittelbarer Nähe der Düse, $x/D = 0{,}1$, werden keine zeitlichen Geschwindigkeitsschwankungen registriert.
b) Die größten Geschwindigkeitsfluktuationen treten stromab in der Verlängerung des Düsenrands auf.
c) Die größten Geschwindigkeitsschwankungen betragen rund 20% der mittleren Geschwindigkeit am Meßort.

Auch die Saugwirkung des Freistrahls läßt sich auf den Diagrammen erkennen. Bei kleinem Abstand von der Düse sinkt die Geschwindigkeit nicht auf Null ab. Von der Seite her strömt Luft zu, die turbulente Störungen mit sich führt. Diese Störungen hinterlassen aber keine Spuren im Gebiet des steilen Geschwindigkeitsanstiegs. Bereits hieraus kann der Schluß gezogen werden, daß die weiter stromab in der Randzone des Strahls registrierten Störungen als Anfachungen von infinitesimalen Störungen der ins Freie übergetretenen laminaren Düsengrenzschicht aufzufassen sind.

Abbildung 17 ist einer Meßreihe von *H. Fabian*[11] entnommen. Die Strahlgeschwindigkeit betrug 8 m/s und die Ausströmdüse hatte einen Durchmesser von 7,5 cm. Den Linien gleicher mittlerer Geschwindigkeit

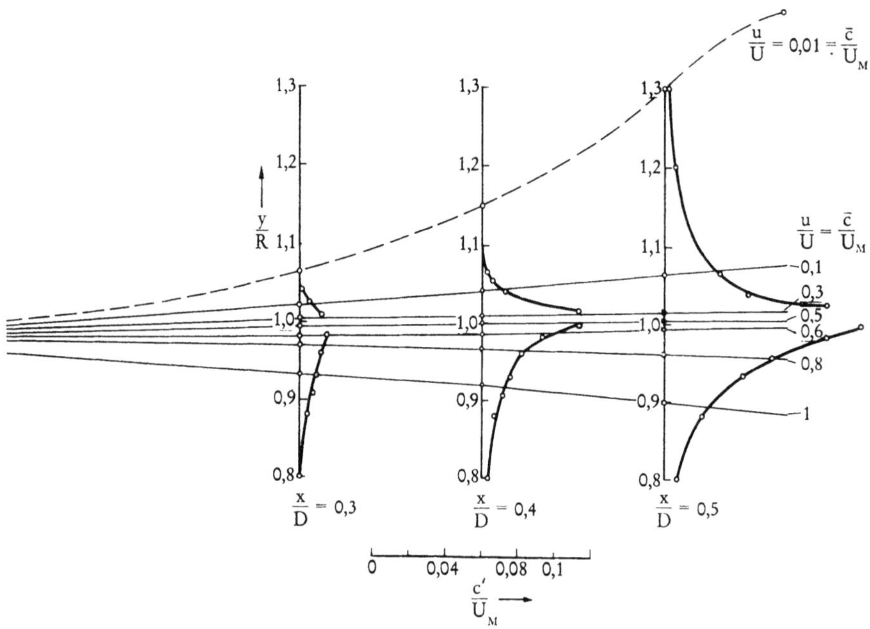

Abb. 17:
Verteilung der Geschwindigkeitsschwankungen in der Randzone eines Freistrahls. Anwachsen der Schwankungsamplituden längs Linien konstanter Geschwindigkeit.

$\overline{c}/U_M$ sind die gemessenen Geschwindigkeitsschwankungen zugeordnet. Mit steigendem Abstand von der Düse wachsen die Schwankungen auf allen Linien $\overline{c}/U_M$ = const monoton an. In radialer Richtung existiert ein Maximum jeweils in der Nachbarschaft der Linie $\overline{c}/U_M = 0{,}5$, die ihrerseits wieder im Abstand des Düsenradius von der Strahlachse liegt. Diese Darstellung enthält die Beträge der Schwankungsgröße; auf die Darstellung des Vorzeichens und der Phasenlage wurde hier verzichtet.

Die Geschwindigkeitsschwankungen reichen in das Gebiet unterhalb der Linie $\overline{c}/U_M = 1$ hinein. Man erkennt hieraus, daß es schwierig ist, eine

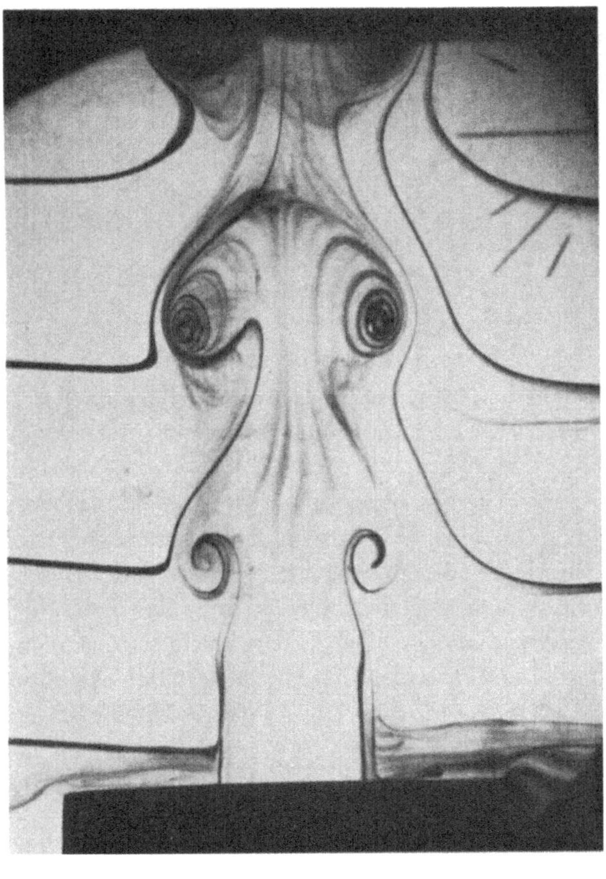

Abb. 18: „Laminares" Ausfließen eines Freistrahls Wasser in Wasser. Bildung von rotationssymmetrischen Mäandern.

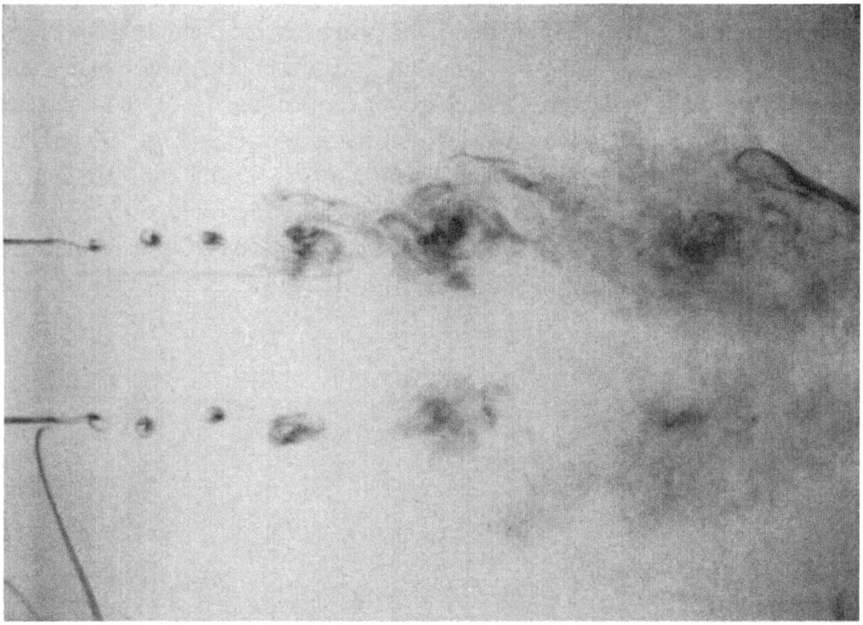

Abb. 19: „Turbulentes“ Ausfließen eines Freistrahls Wasser in Wasser.

Grenze des störungsfreien Strahlkerns, des sogenannten „Potentialkerns“ festzulegen. Die Linie $\bar{c} = U_M$ bedeutet, daß zum Strahlinnern zu das zeitliche Mittel der örtlichen Geschwindigkeit gleich der Mündungsgeschwindigkeit ist. Die Linie grenzt nicht ein Gebiet ungestörter Strömung ab.

Die von *Fabian* dargestellten Geschwindigkeitsschwankungen wurden mit einem von *Wehrmann*[12] gebauten Turbulenzmeßgerät, das nach der Methode „Konstanter Strom“ arbeitet, gemessen. Bei dieser Meßmethode sind die Amplitudenwerte der Schwankung, die über 10% der lokalen mittleren Geschwindigkeit hinausgehen, nicht sicher meßbar. Die mit einem „Konstanter Widerstand“-Gerät gemessenen Amplituden erreichen den doppelten Wert der in Abbildung 17 dargestellten höchsten Meßpunkte.

V. Periodische und nichtperiodische Geschwindigkeitsschwankungen

Das Ausströmen von Gasen oder Flüssigkeiten aus Düsen in das gleiche Medium hinein läßt sich durch Zeitlupenfilme gut studieren. Für die verwendeten Düsen lassen sich zwei verschiedene Strömungszustände beschreiben, die man laminares und turbulentes Ausfließen nennen kann. Beim laminaren Ausströmen ordnet sich die gesamte aus der Düse austretende Flüssigkeit periodisch in große axialsymmetrische Mäander ein. Mitgeführte Farbfäden mischen sich nur durch Molekulardiffusion mit der Umgebung. Abbildung 18 ist ein Beispiel einer solchen Strömung.

Steigert man die Ausströmgeschwindigkeit, so verschwinden die Mäander, und es stellt sich ein neuer stabiler Strömungszustand ein, der in Abbildung 19 zu erkennen ist. An mitgeführten Farbfäden erkennt man, daß die Grenzschicht der Düse ungestört ins Freie übertritt und sich weiter stromab in einzelne Wirbelringe auflöst, die den Strahl umfassen. Diese Wirbelringe erkennt man an der Konzentration der Farbe. Der Zeitlupenfilm

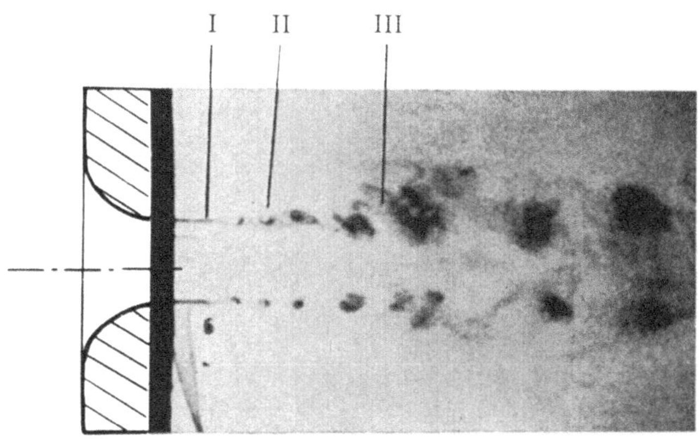

Runder Freistrahl Wasser in Wasser: Strömungsbild

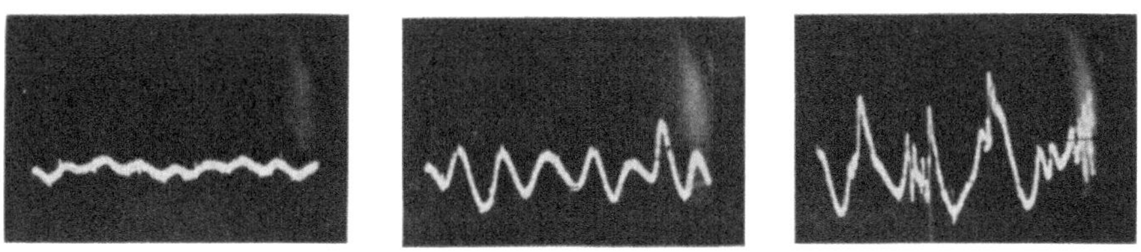

I II III

Runder Freistrahl in Luft: Hitzdrahtsignale

Abb. 20:
Vergleich von Strömungsform und Hitzdrahtsignal in der Randzone eines Freistrahls.

offenbart, daß diese Wirbelringe Bewegungen ausführen, wie man sie von Helmholtzschen Wirbeln erwartet. Sie führen Flüssigkeit mit sich und schlüpfen paarweise umeinander. Aus den Schlüpfvorgängen entstehen größere Flüssigkeitsgebiete, die weiter stromab ihre Struktur verlieren.

Abbildung 20 zeigt in der oberen Hälfte einen Filmausschnitt mit den eben beschriebenen Phänomenen. Im unteren Teil des Bildes sind Hitzdrahtsignale dargestellt, wie sie auf dem Schirm eines Elektronenstrahloszillographen photographiert werden, wenn die Hitzdrahtsonde in der Randzone eines Luftstrahls steht. Die zugeordneten Positionen im Wasserstrahl sind durch römische Zahlen gekennzeichnet. Man erkennt bei Position I schwache periodische Geschwindigkeitsschwankungen, die sich bei Position II unter Beibehaltung der Frequenz verstärkt haben. Bei Position III hat sich die Amplitude des Signals weiter verstärkt, aber die Frequenz ist auf die Hälfte gesunken: zwischen II und III haben sich zwei Wirbel vereinigt. Gleichzeitig erkennt man die ersten Anzeichen von Turbulenz an den hochfrequenten Ausbrüchen, die das periodische Signal unterbrechen.

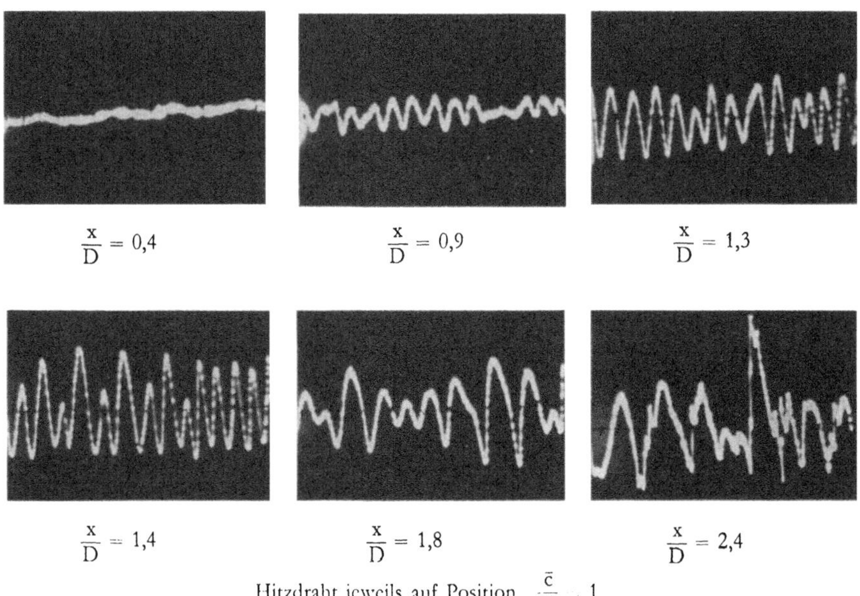

Hitzdraht jeweils auf Position $\frac{\bar{c}}{U} = 1$

Abb. 21: Anwachsen von Störungen in der Randzone eines Freistrahls.

Abbildung 21 zeigt ein neues Meßergebnis von *H. Fabian*[11]. Mit stromab wanderndem Meßort wachsen die Signalamplituden. Bei der Entfernung x/D = 1,8 ist die Frequenz wegen der Vereinigung zweier Wirbel auf die Hälfte gesunken.

Diese Diagramme zeigen, daß am festgehaltenen Ort weder die Amplitude noch die Frequenz streng konstant bleiben. Der natürliche Vorgang der Anfachung von Störungen ist nur in erster Näherung periodisch. Auch in der Plattengrenzschicht, im Gebiet zwischen dem Labilitäts- und Turbulenzpunkt, beobachtet man Geschwindigkeitsschwankungen, die nicht streng periodisch sind. In der bekannten Arbeit von *Schubauer*[19] sind solche Signalfolgen enthalten.

Die schwankende Periode der Hitzdrahtsignale im Übergangsgebiet erschwert quantitative Messungen. Dieser Schwierigkeit ist man auf zweierlei Weise Herr geworden:

a) Zur Charakterisierung der Schwankungsgeschwindigkeit nimmt man nicht die Amplitude einer Einzelschwingung, sondern die Wurzel aus dem Quadrat des zeitlichen Mittelwerts der Schwankung. Die untere Hälfte von Abbildung 22 möge zur Erläuterung dienen. Links ist schematisch angedeutet, wie eine Geschwindigkeitsschwankung sich auf dem Bildschirm abzeichnet und wie die bekannte Aufteilung in den zeitlichen Mittelwert $\bar{c}$ und die momentane Schwankung c' zustande kommt. Der zeitliche Mittelwert von c' ist Null. Rechts ist das Zustandekommen des zeitlichen Mittelwerts von c'^2 erläutert. Die obere Hälfte der Abbildung 22 zeigt schematisch, wie die beiden Bestimmungen von c' im Hitzdrahtgerät durchgeführt werden.

Der zeitliche Mittelwert der Geschwindigkeit $\bar{c}$ wird am Galvanometer in der Brücke, deren einer Zweig der Hitzdraht H.D. ist, abgelesen. Die Geschwindigkeitsschwankungen c' erscheinen am Ausgang der Verstärkung auf dem Oszillographenschirm. Zur Bildung des Mittelwertes c'^2 dagegen verwendet man ein sogenanntes Thermokreuz, das im wesentlichen aus einem von dem Wechselstrom des Hitzdrahtsignals geheizten trägen Thermoelement besteht, dessen Thermospannung als Meßwert genommen wird.

b) Um die Oszillographenanzeige direkt als Meßwert für c' benutzen zu können, wird die aufzunehmende Geschwindigkeitsschwankung selbst stabilisiert, d. h. streng periodisch gemacht. Die in der Versuchstechnik angewandten Methoden der Stabilisierung sind in Abbildung 23 dargestellt.

[19] *G. B. Schubauer* und *H. K. Skramsted*, Journ, Aeron. Sc. 14, 69 (1947).

In der linken Darstellung erkennt man die von *G. B. Schubauer*[19] angewandte mechanische Stabilisierung der Störungen der Plattengrenzschicht durch ein feines Metallband, das Schwingungen einstellbarer Frequenz und Amplitude ausführen kann. Zur Stabilisierung der Geschwindigkeitsschwankun-

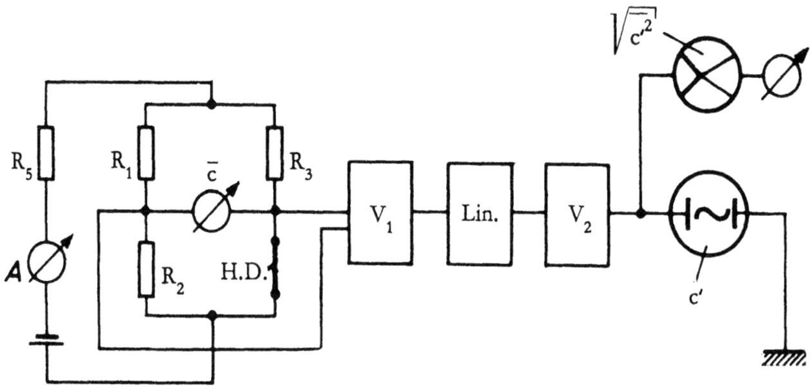

Prinzip Hitzdrahtgerät „Konstanter Strom“

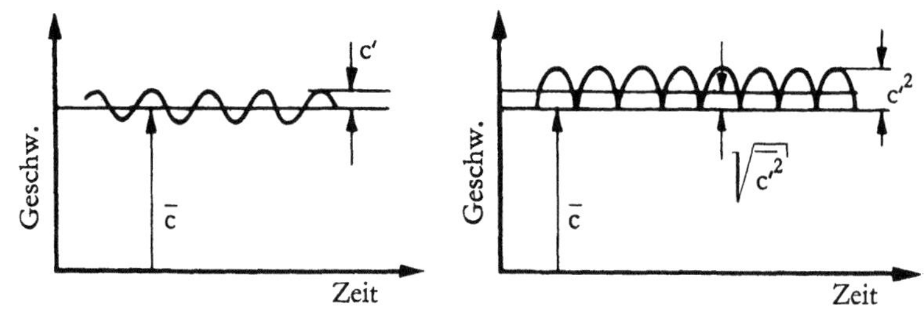

Direktanzeige Oszillograph — Mittelwert über Thermokreuz

Abb. 22: Meßwertanzeige an einem Hitzdrahtgerät.

gen in der Strahlgrenzschicht wurde von *O. Wehrmann*[20] die akustische Beeinflussung entwickelt, die in der rechten Hälfte von Abbildung 23 dargestellt ist: Schallwellen geringer Intensität werden von einem Lautsprecher auf die Strahldüse gerichtet und steuern dort den Takt der Störungen.

Abbildung 24 zeigt angefachte stabilisierte Störungen in der Randzone des Freistrahls. Auch in diesem Falle zeigt sich eine Wirbelvereinigung durch die Frequenzhalbierung zwischen Position 3 und 4 an.

[20] *O. Wehrmann*, Jahrbuch der W.G.L. 1957.

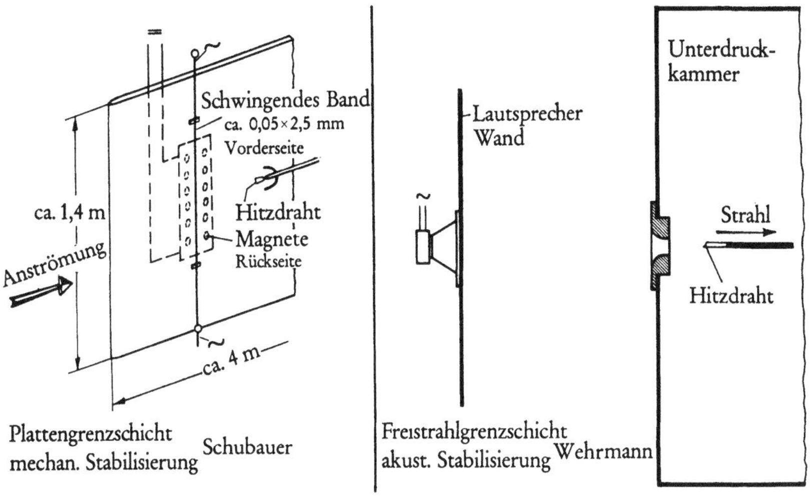

Stabilisierung periodischer Störungen

Abb. 23:
Methoden zur Stabilisierung von turbulenten Geschwindigkeitsschwankungen.

In der Tollmien-Schlichtingschen Theorie der Instabilität der Plattengrenzschicht werden diejenigen Zuordnungen von Störungsfrequenzen und Reynoldsschen Zahlen berechnet, für die die Störungen „neutral" sind, d. h. weder wachsen noch vergehen. Diese Indifferenzkurve ist das markanteste Ergebnis der Theorie. Der Rechnung liegt die Vorstellung infinitesimaler wellenförmiger Störungen zugrunde, was sich in der mathematischen Behandlung darin zeigt, daß in den hydrodynamischen Gleichungen der der Grundströmung überlagerten Störungsbewegung nur die linearen Glieder berücksichtigt werden. Es ist eine schwierige Frage, welche mit dem Hitzdraht gemessenen Geschwindigkeitsschwankungen den „infinitesimalen" Störungen der Theorie entsprechen, und ob die künstlichen Störungen „infinitesimal" sind. *Schubauer* und *Skramstad* haben mit dem schwingenden Band „neutrale" Störungen erzeugt. Die Meßpunkte für Frequenz und Reynoldszahl decken sich gut mit der von *C. C. Lin* modifizierten Tollmien-Schlichtingschen Theorie.

Es scheint nun so zu sein, daß die Existenz eines β_r-Re-Bereichs der anfachbaren Störungen keineswegs auf „infinitesimale" Erscheinungen beschränkt ist. *O. Wehrmann*[20] konnte nachweisen, daß für die periodischen Störungen der Strahlgrenzschicht für jede Geschwindigkeit nur ein ab-

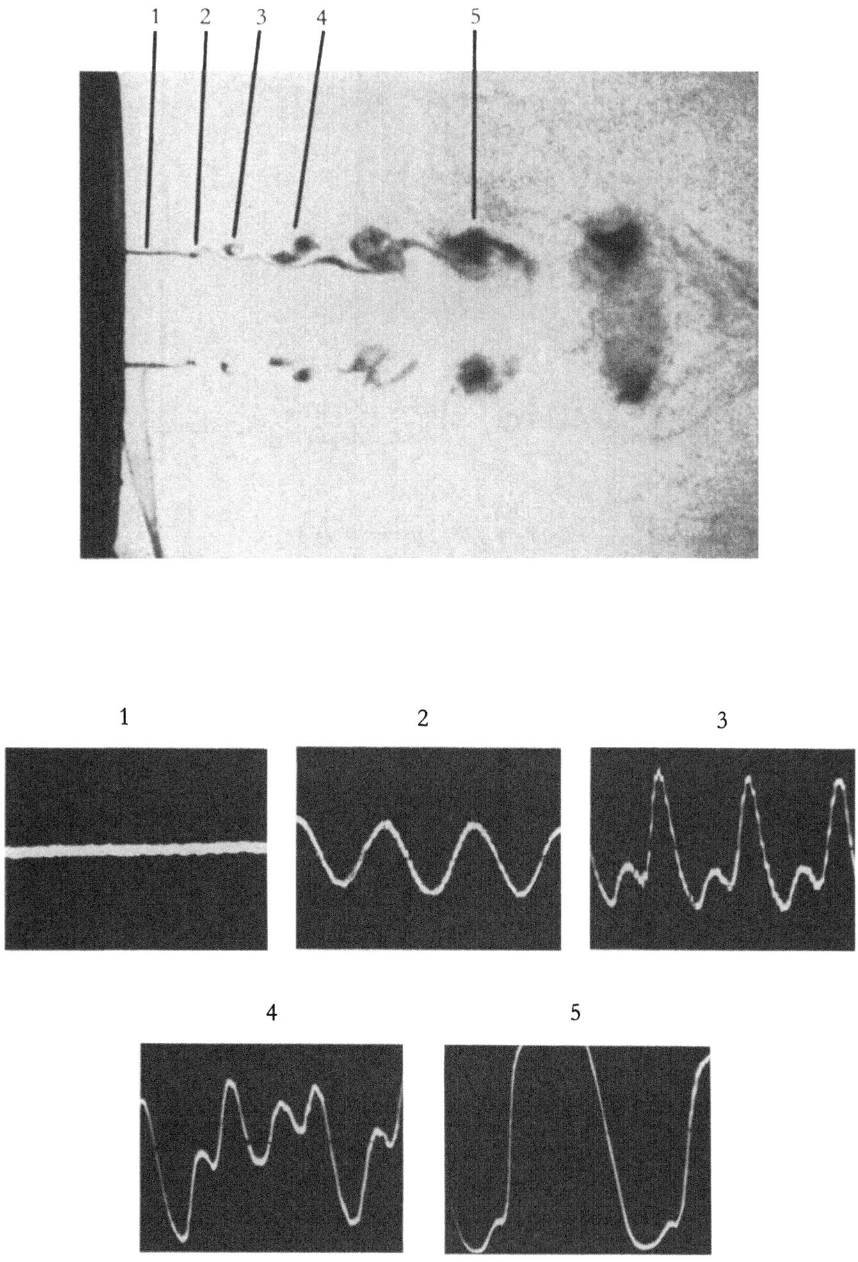

Abb. 24: Stabilisierte (periodische) Geschwindigkeitsschwankungen in der Randzone eines Freistrahls.

gegrenzter Bereich stabilisierbarer Frequenzen existiert, innerhalb dessen Störungen auftreten und angefacht werden. Liegt die Frequenz der akustischen Stabilisierung außerhalb dieses Bereichs, so bleibt die Stabilisierung ohne Einfluß auf die natürliche Störung. Abbildung 25 zeigt das Ergebnis der Messung im Vergleich zu den für die Plattengrenzschicht geltenden Kurven. Die für den Freistrahl geltende Berandung des anfachbaren Bereichs entspricht aber nicht „neutralen" Störungen. Auch bei akustischer Stabilisierung hatte jede stromab wandernde Störung wachsende Amplitude.

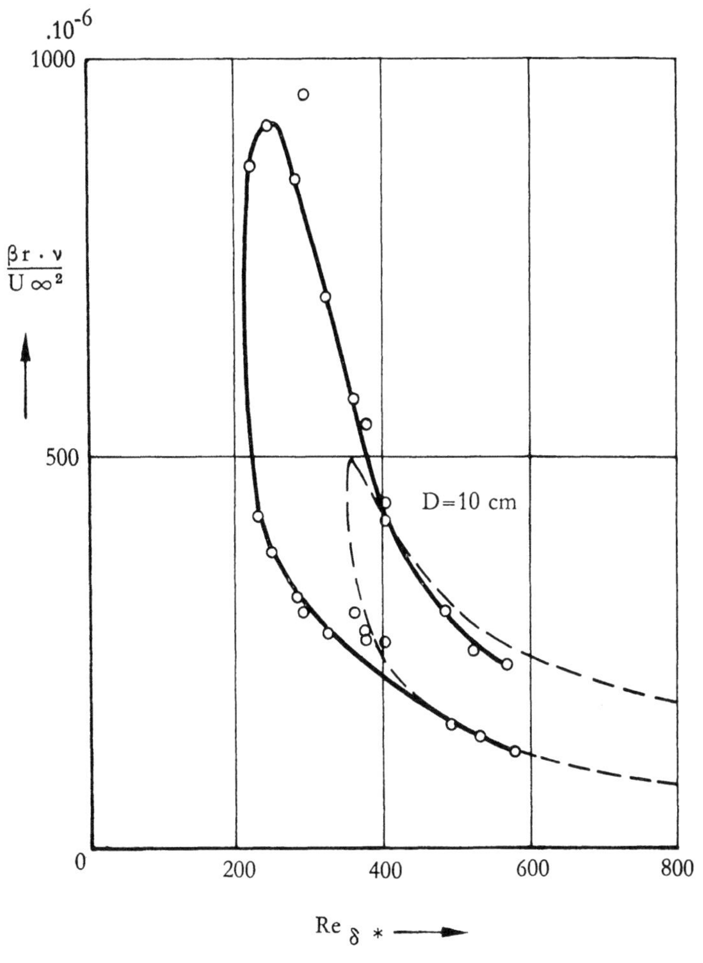

Abb. 25: Bereich der anfachbaren Wirbelfrequenzen in der Randzone eines Freistrahls.

Für die Wandgrenzschicht eines Tragflügels lieferte *H. Bergh*[21] neue Ergebnisse. Durch akustische Beeinflussung ermittelte er einen Frequenzbereich der Störungen.

In der Strahlgrenzschicht und bei den Berghschen Versuchen muß man von „endlichen Störungen" sprechen. Die von der Tollmien-Schlichtingschen Theorie für infinitesimale Störungen vorausgesagte Abgrenzung von anfachbaren und nichtanfachbaren Frequenzen gilt offenbar auch für die endlichen Störungen, die das lokale Übergangsgebiet beherrschen.

VI. Interpretation der Hitzdrahtsignale

Das Ziel aller Untersuchungen über das lokale Übergangsgebiet ist, charakteristische Phänomene zu ermitteln und sie quantitativ darzustellen. Die Filmaufnahmen der Strömungsvorgänge in der Randzone des Freistrahls legen es nahe, die Mäander und Wirbel als beherrschendes Merkmal zu sehen. Die Filmaufnahmen liefern zwar ein gutes Anschauungsmaterial, aber es ist schwierig, die sichtbar gemachte Bewegung zur zahlenmäßigen Analyse heranzuziehen. Es besteht also die Aufgabe, die Hitzdrahtsignale so zu interpretieren, daß die aus ihnen gewonnenen Zahlenangaben mit den im Film beobachteten Strömungserscheinungen in Einklang gebracht werden können.

Bei allen unseren Hitzdrahtmessungen wurden Eindraht-Sonden verwendet. Der sensitive Teil, ein Platin- oder Wolframdraht von 1,5 μ Durchmesser und von 1 bis 2 mm Länge wurde stets in Ebenen senkrecht zur Strahlachse orientiert. Der Sondenhalter und die beiden Nadeln, zwischen denen der Draht befestigt ist, lagen stets parallel zur Strahlachse.

Abbildung 26 zeigt elementare Zusammenhänge zwischen der Kinematik eines Wirbelrings und dem Hitzdrahtsignal, das beim Vorbeilaufen des Wirbels am Hitzdraht entsteht. Der Einfachheit halber wurde ein zum Kreisring zusammengefügter Rankine Wirbel den Überlegungen zugrunde gelegt. Durch Selbstinduktion entsteht die Geschwindigkeit U_v gegenüber der Umgebung. Diese Geschwindigkeit ist für alle Wirbelstärken und Kerndurchmesser stets sehr klein gegenüber der maximalen Umfangsgeschwindigkeit des Kerns.

Ein Hitzdraht, dessen Abmessungen klein sind gegenüber charakteristischen Längen des Strömungsfeldes und dessen Achse tangential zum

[21] *H. Bergh*, IUTAM Symp., Freiburg i. Br. 1957, Springer 1958.

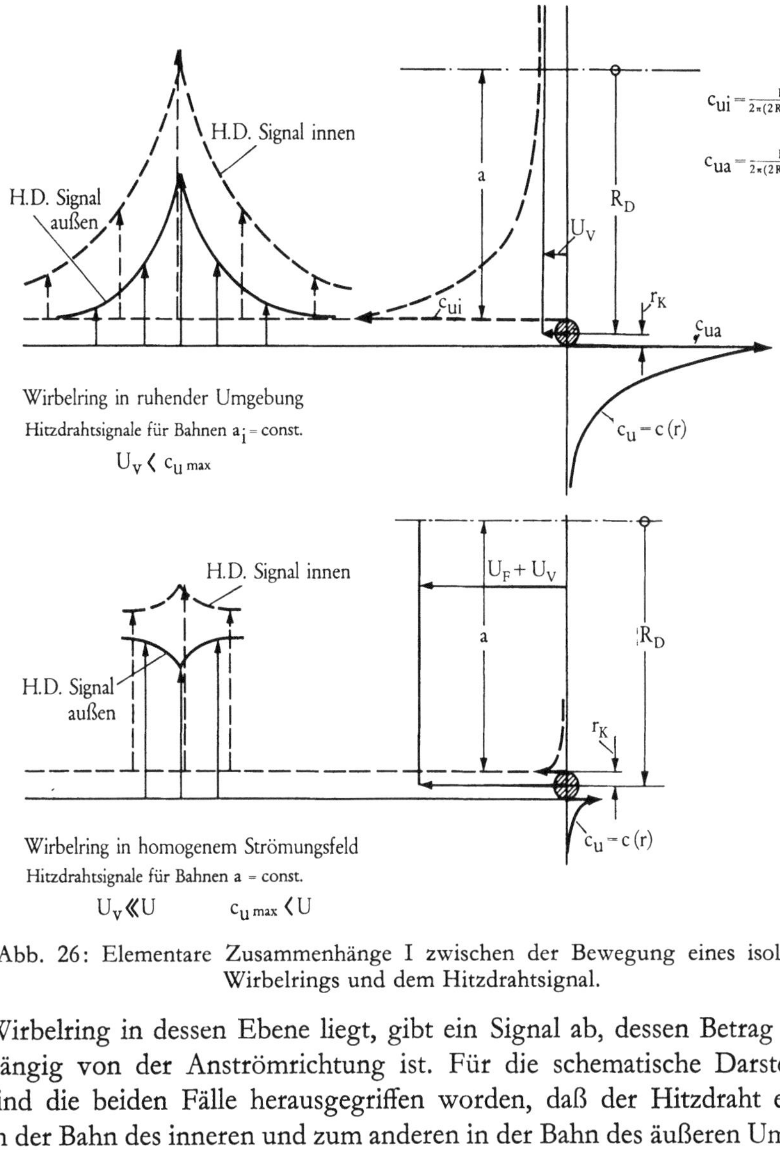

Abb. 26: Elementare Zusammenhänge I zwischen der Bewegung eines isolierten Wirbelrings und dem Hitzdrahtsignal.

Wirbelring in dessen Ebene liegt, gibt ein Signal ab, dessen Betrag unabhängig von der Anströmrichtung ist. Für die schematische Darstellung sind die beiden Fälle herausgegriffen worden, daß der Hitzdraht einmal in der Bahn des inneren und zum anderen in der Bahn des äußeren Umfangs des Wirbelrings liegt. In genügender Entfernung vom Wirbelring, in der ruhenden Luft, zeigt der Hitzdraht den Wert Null. Bei Annäherung des Wirbelrings steigt die Geschwindigkeit auf der äußeren wie auf der inneren Bahn. Eine Entscheidung über den Drehsinn kann getroffen werden, da als Folge der Selbstinduktion die Umfangsgeschwindigkeit am Kernrand innen höher sein muß als außen.

Die Signalfolge sieht anders aus, wenn der Wirbelring in einer homogenen Transportströmung mit der Feldgeschwindigkeit U_F schwimmt. Der raumfeste Hitzdraht registriert in diesem Falle den Betrag der vektoriellen Addition von U_F, U_v und c_u. Für den Fall, daß $U_F + U_v > c_u$ tritt beim Verschieben der Hitzdrahtbahn von der Innen- zur Außenseite des passierenden Wirbelrings ein Phasensprung um 180^0 auf.

Der Rankine-Wirbel, der den vorstehenden Überlegungen zum Anhalt diente, ist ein Gebilde, das in der hydrodynamischen Theorie exakt behandelt werden kann. Beim Übergang vom Wirbelkern in das koexistente kreisende Feld ist die Geschwindigkeitsverteilung stetig bei einem spitzen

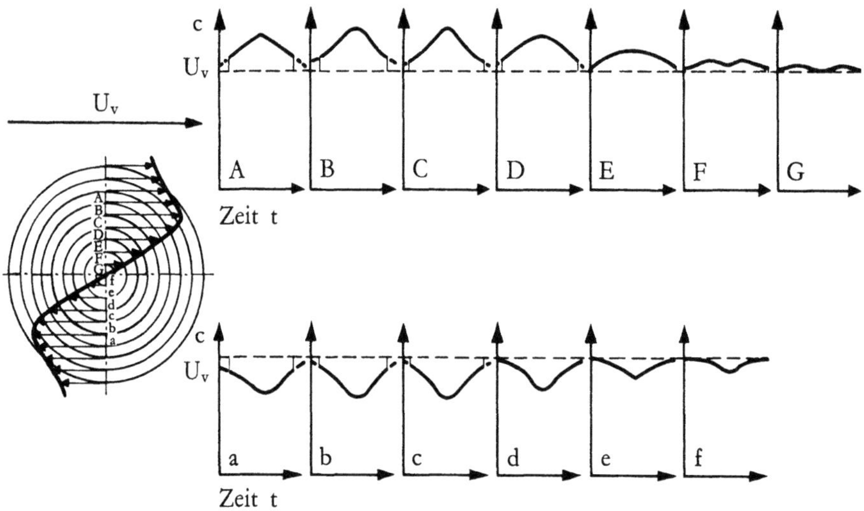

Geschwindigkeitsvariationen beim Durchgang eines Wirbels in einem homogenen Geschwindigkeitsfeld.

Abb. 27: Modell eines Oseen-Hamel-Wirbels und die von ihm erzeugten Geschwindigkeitsschwankungen am Ort der Meßsonde.

Maximum. Die Wirbel, die man in realen Flüssigkeiten beobachtet, unterscheiden sich vom Rankine-Wirbel dadurch, daß der Übergang vom Kern in das kreisende Feld mit einem gerundeten Maximum erfolgt. Die von *Oseen* und *Hamel* angegebene Lösung der Navier-Stokesschen Gleichung für Flüssigkeitsbewegungen auf geschlossenen Kreisbahnen entspricht den Messungen, die an *Timme*[22] Wirbeln einer Kármánschen Wirbelstraße durchgeführt hat, gut. Benutzt man das Modell eines Oseen-Hamel-Wirbels in einer

[22] *A. Timme*, Diss. T.U. Berlin (1956).

gleichförmigen Transportströmung, so ergeben sich die in Abbildung 27 dargestellten wellenförmigen Hitzdrahtsignale. Die Signale wurden durch die vektorielle Addition $U_F + U_v + c_u$ konstruiert, wobei die gradlinige Bahn des Wirbelzentrums in verschiedenen Abständen von der Hitzdrahtsonde vorbeiläuft.

Ähnlich wie die konstruierten Signalfolgen der Abbildung 27 erscheinen die Signale des Hitzdrahts in der Randzone des Freistrahls. In Abbildung 28 ist zu erkennen, daß je nach Abstand von der Kernbahn das Hitzdrahtsignal typische sehr regelmäßige Merkmale aufweist.

Um Kriterien für Hitzdrahtsignale, die Wirbeln entsprechen, aufstellen zu können, wurde die Kármánsche Wirbelstraße hinter einem Kreiszylinder als Teststrecke benutzt. Im Bereich $40 < Re < 120$, die Reynoldssche Zahl mit dem Zylinderdurchmesser gebildet, ist die Ablösefrequenz der Anströmgeschwindigkeit zugeordnet, und die Wirbel der ausgebildeten Straße sind regelmäßige und für gleichen Abstand hinter dem Zylinder unter sich gleiche Gebilde. Abbildung 29 zeigt eine Folge von Hitzdrahtsignalen in

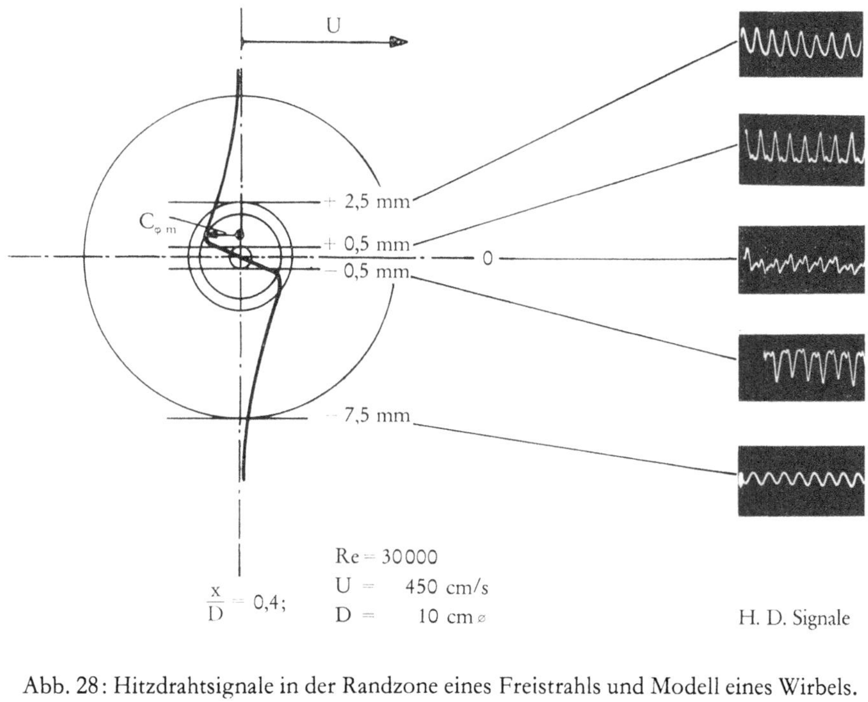

Abb. 28: Hitzdrahtsignale in der Randzone eines Freistrahls und Modell eines Wirbels.

einer Kármánschen Straße, die von *A. Timme*[23] gemessen wurde und mit Rechnungen in Übereinstimmung gefunden wurden.

Um die Eigenschaften der Wirbel-Eichstrecke zu verbessern, benutzte *O. Wehrmann*[24] eine durch eine Trennwand aufgespaltene Kármánsche Wirbelstraße. Auf diese Weise erhält man eine einreihige Wirbelstraße entlang einer Wand, die zwar in der hydrodynamischen Theorie als das Muster eines unstabilen Zustands gilt, die aber, wenn sie aus einer voll entwickelten Kármánschen Wirbelstraße herausgetrennt wird, lebensfähig ist. Aus den Experimenten und theoretischen Überlegungen mit dieser einreihigen Wirbelstraße konnte *Wehrmann* Kriterien für Hitzdrahtsignale entwickeln, die sich für die allgemeinen Untersuchungen in der Randzone des Freistrahls als wichtigste Stütze erwiesen. Die von *Wehrmann* aufgestellten drei Kriterien lauten:

a) Bei der Untersuchung eines Strömungsfeldes mit überlagerten Schwankungen muß ein abgrenzbarer Bereich gefunden werden, in dem die Frequenz auf den doppelten Wert gegenüber der Umgebung ansteigt. Dieser Bereich entspricht dem Wirbelkern.
b) Wenn die Sonde quer zur Hauptrichtung der Strömung innerhalb des Kernbereiches bewegt wird, gibt es eine Stelle, wo eine Phasenverschiebung des Signals von 180^0 erscheint. Dies geschieht, wenn die Sonde von einem Bereich c_{umax} in Richtung U_F in einen Bereich c_{umax} entgegengesetzt U_F bewegt wird oder umgekehrt. Die Phasenverschiebung und die Einsattelung geben den Ort des Wirbelkerns an.
c) Wenn man vom Wirbelzentrum ausgeht und die Sonde quer zur Hauptrichtung der Strömung bewegt, steigt die Amplitude des Signals zunächst an und fällt wieder ab. Dies geschieht in beiden Richtungen.

Zum Geltungsbereich der Kriterien seien die folgenden Bemerkungen ausgeführt:

Das Modell, das zur Erklärung der Hitzdrahtsignale benutzt wurde, kann keine Allgemeingültigkeit beanspruchen. Die gezogenen Schlüsse haben die Beschränkung $c_{umax} < U_F$.

Hierzu kann erwähnt werden, daß auch *A. Timme*[22] bei seinen Experimenten über die Kármánsche Wirbelstraße in keinem Fall einen Wirbel gefunden hat, für den $c_{umax} > U_F$ gilt.

Ob $c_{umax} < U_F$ ein allgemeines Gesetz für die maximale Umfangsgeschwindigkeit eines von einem Hindernis abgelösten Wirbels ist, kann

[23] *A. Timme*, DVL-Bericht Nr. 77 (1959).
[24] *O. Wehrmann*, DVL-Bericht Nr. 43 (1957).

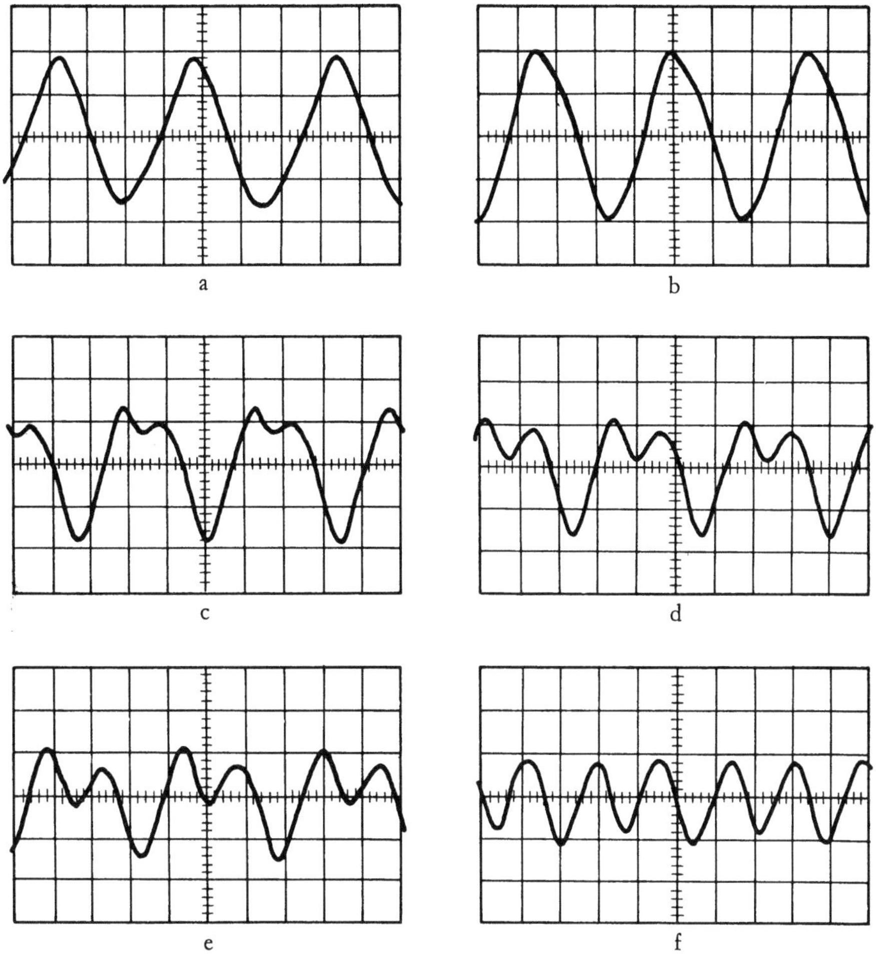

Die Sonde wurde in der Reihenfolge a-f von außen zur Wirbelstraßenmitte bewegt

Abb. 29: Hitzdrahtsignale einer Kármánschen Wirbelstraße.

noch nicht gesagt werden, aber es erscheint einleuchtend. Ferner wurde die graphische Auswertung der Variation der Geschwindigkeit mit der vereinfachenden Annahme gemacht, daß ein isolierter Wirbel, der eine symmetrische Geschwindigkeitsverteilung aufweist, sich mit einem Feld von örtlich konstanter Geschwindigkeit bewegt.

Nachdem es gelungen ist, Hitzdrahtsignale als Wirbeln zugeordnet zu identifizieren, ergibt sich das weitere Problem der numerischen Bestimmung der Umfangsgeschwindigkeiten des Wirbels. Hierzu seien noch einmal elementare Zusammenhänge der Kinematik der Wirbel aufgeführt. Abbildung 30 gibt zunächst an, auf welche Weise die Geschwindigkeit c_{res}, mit der der Hitzdraht angeströmt wird, und deren Betrag als Signal auf dem Oszillographenschirm erscheint, zerlegt werden kann in die Feldgeschwindigkeit U_F und die der Bahn der Hitzdrahtsignale zugeordnete Folge von

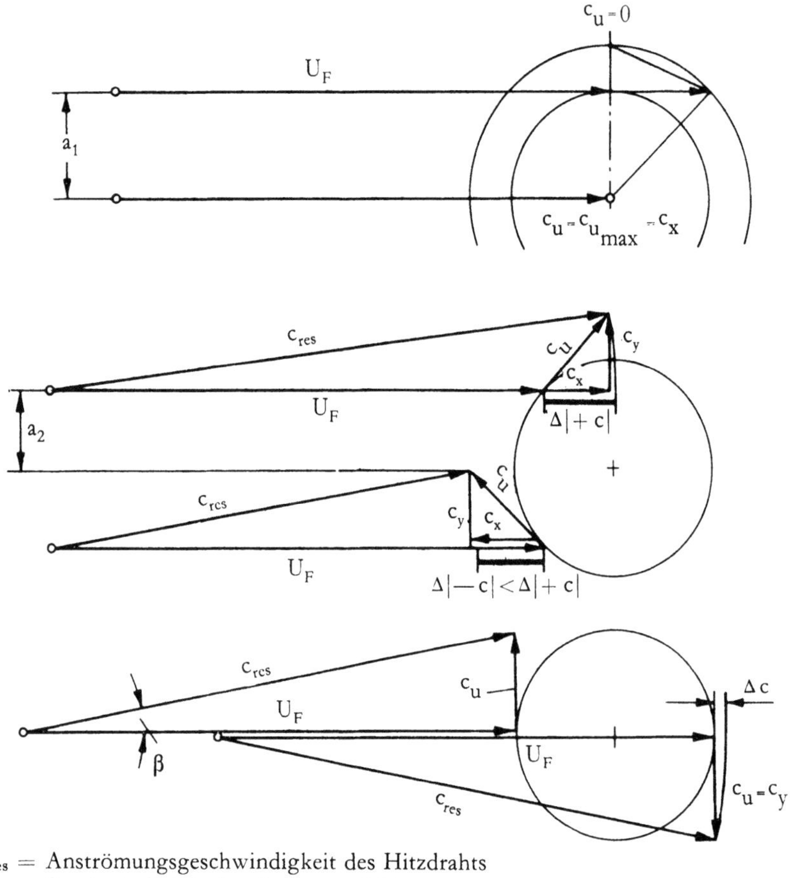

c_{res} = Anströmungsgeschwindigkeit des Hitzdrahts
U_F = Geschwindigkeit des Strömungsfeldes
$c_{res} - U_F = \triangle c = c(t)$
$\bar{c} = U_F + \frac{1}{t}\int c(t)\, dt$. zeitl. Mittelwert der Geschwindigkeit
$c' \backsim c_u$
$u' \backsim c_x$
$v' \backsim c_y$
$\beta = \beta(t)$ Winkel der Hitzdrahtanströmung

Abb. 30: Elementare Zusammenhänge II zwischen der Kinematik eines im Strömungsfeld mitbewegten Wirbels und dem Hitzdrahtsignal.

Umfangsgeschwindigkeiten c_u. In der Mitte der Signalphase, wenn der Hitzdraht die Ebene passiert, die das Wirbelzentrum enthält, ist wegen $U_F \uparrow \uparrow c_u$ die Vectorsumme gleich der Summe der Beträge. Für den Zeitpunkt der Signalmitte kann also die Umfangsgeschwindigkeit c_u numerisch bestimmt werden, nachdem die Signalamplitude geeicht worden ist.

Die schematische Darstellung der Abbildung 30 weist ferner darauf hin, daß Aussagen über die Komponenten $c_x \sim u'$ und $c_y \sim v'$ der Geschwindigkeitsschwankung $c' \sim c_u$ nur dann gemacht werden können, wenn die Kinematik der Flüssigkeitsgebiete, die das Signal erzeugt, bekannt ist. Legt man das Modell eines kreisförmigen Wirbelkerns mit $\omega = \text{const}$ zugrunde, so lassen sich u' und v' durch einfache trigonometrische Funktionen beschreiben, und für den Fall $c_u < U_F$ entspricht die Bewegung eines Flüssigkeitsteilchens, das im Kern eines Kreiswirbels mitgeführt wird, praktisch der Bewegung auf einer Transversalwelle.

Bereits durch solche einfachen kinematischen Überlegungen ist der Anschluß der Wirbelvorstellung an die Wellenvorstellung der Störungen geschaffen worden.

Abbildung 31 zeigt, wie aus der Aufzeichnung der Schwankungsgrößen unter Berücksichtigung der Phasenlage des Signals Geschwindigkeitsverteilungen entstehen, die Wirbeln in realer Flüssigkeit zugeordnet werden können. Die „Geschwindigkeitsprofile" der Wirbel entstehen dadurch, daß viele Tausende von „Wirbeln", die in stetiger Folge den Hitzdraht passieren, von der Sonde abgetastet werden. Abbildung 32 veranschaulicht noch einmal die durch Rauchfäden sichtbar gemachten Mäander, einen Wirbel, und die turbulente Auflösung in der Randzone eines Luftstrahls.

VII. Wirbel und Einsatz der Turbulenz

Nach den voraufgegangenen Darstellungen der Versuchsergebnisse bei kleinen Re-Zahlen in der Randzone eines Freistrahls mit Kreisquerschnitt, lassen sich die Strömungsvorgänge im lokalen Übergangsgebiet laminar – turbulent wie folgt beschreiben: Die aus der Düse ins Freie übertretende kreiszylindrische Grenzschicht erfährt wellenförmige Störungen. Die anwachsenden Störungen führen zu Mäandern, wie sie für ebene Diskontinuitätsflächen zum Beispiel von *Rosenhead* berechnet worden sind. Hierdurch entsteht eine periodische Häufung der mittleren Wirbelstärke der Grenzschicht und unter der Wirkung der Flüssigkeitsreibung verschmelzen die

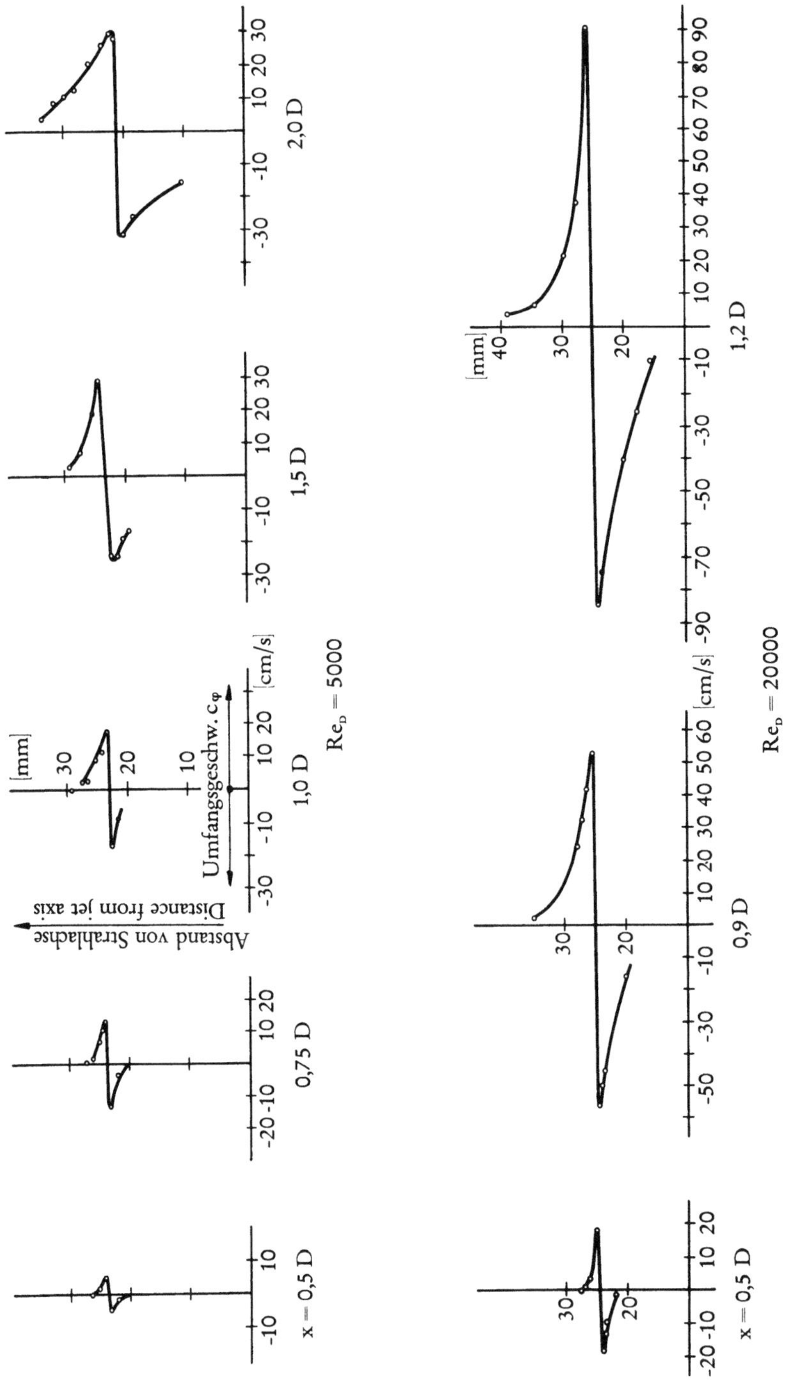

Abb. 31: Geschwindigkeitsverteilung in den wirbelartigen Bezirken der Randzone eines Freistrahls.

Mäander zu kreisrunden Flüssigkeitsbezirken, deren Geschwindigkeitsverteilung sich entsprechend derjenigen realer Wirbel ordnet. Man ist berechtigt, von Ringwirbeln zu sprechen, die als typische Erscheinung den lokalen Übergang laminar-turbulent des Freistrahls begleiten. Die an

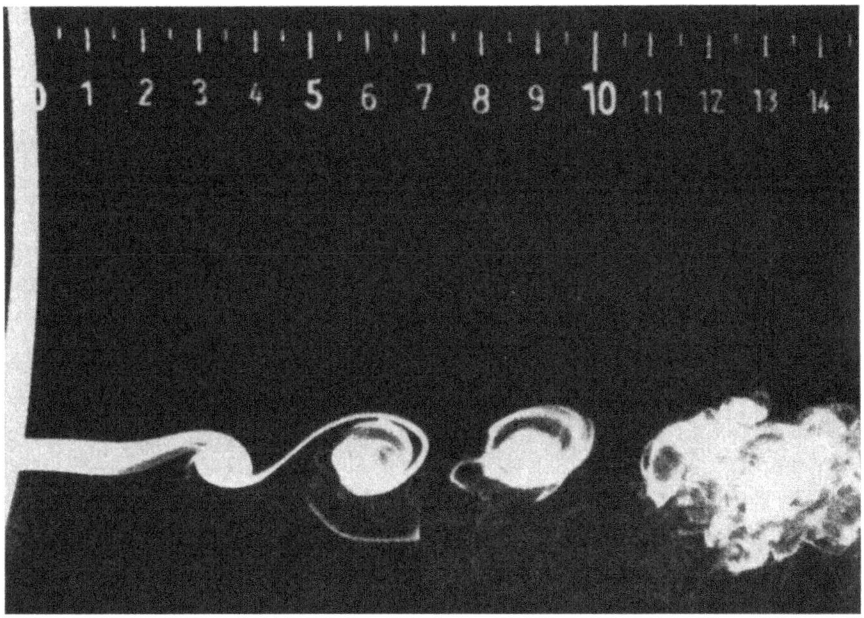

Abb. 32: Randzone eines Luftfreistrahls unmittelbar stromab von der Düsenmündung. $Re_D = 8000$. Sichtbarmachung durch Rauch.

einer Hitzdrahtsonde vorbeilaufenden Wirbel liefern die Grundfrequenz der wellenförmigen Anfachung; und die örtliche Amplitudenverteilung der Grundfrequenz wird von einem Ringwirbel geliefert.

Von *U. Domm*[9] stammt die Konzeption, daß die Ringwirbel als in der Hydrodynamik bekannte Elemente es ermöglichen, die mathematische Analyse des Übergangs laminar - turbulent über den Labilitätspunkt hinauszutragen. In der zitierten Arbeit wird die allgemeine Hypothese ausgesprochen und am Beispiel der einreihigen Wirbelstraße entlang einer Wand erläutert, daß die Instabilität der Wirbel und ihr dreidimensionaler Zerfall identisch sind mit dem Einsatz der Turbulenz.

Folgt man der Dommschen Hypothese im Falle des Freistrahls bei kleinen Re-Zahlen, so werden die Ringwirbel als beherrschend für das Übergangsgebiet angesehen und ihre Instabilität löst die Turbulenz aus.

Der experimentelle Befund läßt keinen Zweifel daran, daß die ersten hochfrequenten Turbulenzsignale mit dem Verlöschen der Identität eines Ringwirbels zusammenfallen. Dies ist aber kein Beweis dafür, daß die Ringwirbel infolge des Überschreitens ihrer eigenen, der Wirbelbewegung zugeordneten Parameter instabil geworden sind.

Der Dommschen Hypothese kann eine andere gegenübergestellt werden: Die Existenz der Ringwirbel ist nicht vereinbar mit der Existenz einer Scherströmung. Diese Hypothese wird durch den experimentellen Befund gestützt, daß in den Ringwirbeln, kurz vor ihrem Zerfall, nur rund ein Viertel der Wirbelstärke zu finden ist, die dem Abschnitt der laminaren freien Grenzschicht entspricht, aus der die Wirbel auf dem Weg über die Mäander entstanden sind. Diese Flüssigkeitsgebiete haben die Gesetzmäßigkeit von Ringwirbelgruppen: Sie führen Flüssigkeit mit sich, sie üben Induktion aufeinander aus und sie haben Eigenpropulsion. Diese typischen Wirbelphänomene stehen jedoch im Widerspruch zu den Eigenschaften der Scherströmung zwischen dem Strahlkern und der ruhenden Umgebung.

Die Wirbel erfahren eine Anfachung: ihre Zirkulation nimmt zu, was *H. Fabian*[11] numerisch ermittelt hat. Aber die Wirbel können ihre Identität nur als Übergangserscheinung bewahren. Die ausgebildete Scherturbulenz verlangt eine Aufteilung der Wirbel auf kleinere Einheiten.

Summary

The paper gives account of some physical aspects of the transition process. The tool of the turbulence researcher is the hot-wire probe. For special flow phenomena, e. g. the flow of vortices, typical hot-wire signals are shown and explained.

In a free jet the laminar-turbulent transition occurs in the cylindrical boundary layer which breaks away from the nozzle wall as a laminar boundary layer. In the transition region the undulating shear layer forms meanders which concentrate to annular vortices embracing the jet. Characteristic data of such vortices are given. Further downstream the vortices break down, and during this process the hot-wire signals show outbreaks of high frequent disturbances. "Spot" phenomena occuring intermittently in space and time govern the last stages of transition. In the special case of free-jet transition, between the point of lability and the fully developed turbulence, laminar vortices are defined as an intermediate stage. The strength of the vorticity of the annular vortices was measured and the experimental data lead to the hypothesis that a "critical vortex strength" defines the onset of turbulence.

Diskussion

Professor Dr.-Ing. Friedrich Seewald

Ich habe das Gefühl, daß die gesamte Turbulenzforschung seit längerer Zeit nicht mehr recht weitergekommen ist. Große Fortschritte sind seinerzeit erreicht worden, als Prandtl und seine Schüler die ersten Schritte zum Verständnis der Turbulenz taten. Tollmien und Schlichting zeigten, daß es gewisse Störungen gibt, gegen welche eine Strömung instabil ist, bei denen also Turbulenz entstehen kann, und Prandtl selbst fand durch ein Gedankenmodell über den Turbulenzvorgang und in dem Begriff des Mischungsweges ein Mittel, um auch für praktische Aufgaben Lösungen zu finden. Ich habe aber den Eindruck, daß seit geraumer Zeit der Fortschritt in der Erkenntnis in keinem Verhältnis mehr steht zu der Zahl und dem Umfang der Arbeiten, die über Turbulenzfragen laufend veröffentlicht werden.

Diese Tatsache scheint mir darauf hinzudeuten, daß die bisher zugrundeliegenden Ideen ausgeschöpft sind und daß sie durch neue Gedankenmodelle erweitert oder ergänzt werden müssen, damit die noch vorhandenen Probleme besser geklärt werden können. Die Arbeiten, über die uns Herr Wille berichtet hat, stellen offenbar den Versuch dar, die grundlegenden Vorstellungen über den Turbulenzvorgang zu erweitern.

Wenn man auch nach einem kurzen Vortrag die Tragweite solcher Arbeiten nicht ganz erkennen kann, so möchte ich doch hoffen, daß sie Wege für weitere Fortschritte zeigen.

Ich darf daran erinnern, daß die von Herrn Wille behandelten Fragen der Turbulenz nicht nur in der Strömungstechnik von Bedeutung sind. Derselbe Mechanismus, der auf der einen Seite den Strömungswiderstand erzeugt, indem er Flüssigkeits- oder Gasmoleküle, die verschiedenen Impuls mitbringen, miteinander austauscht, transportiert gleichzeitig auch andere Eigenschaften, z. B. die Wärme. Es würde also auch das Gebiet des Wärmeüberganges und anderer Vermischungsvorgänge Vorteil davon haben, wenn die von Herrn Wille behandelten Fragen weitergeführt werden. Da auf diesen Gebieten – z. B. der Wärmeübertragung – seit längerer Zeit Fortschritte nur insofern erzielt worden sind, als immer neue und immer sorgfältigere Versuche gemacht wurden, um immer mehr Erfahrungsmaterial herbeizuschaffen, würde jeder Fortschritt in der grundsätzlichen Erkenntnis eine große Bedeutung haben. Gerade im Hinblick auf den Wärmeübergang würde ich nun gerne noch eine Frage stellen.

Haben Sie eine Vorstellung, wie die Ringwirbel, die Sie als wesentlichen Bestandteil des ganzen Mechanismus angeben, orientiert sind? Daß der Impulstransport z. B. nicht so vor sich geht wie der Wärmetransport, daß diese entsprechenden Austauschgrößen verschieden sind, kann man sich dadurch erklären, daß man eine bestimmte Orientierung der Wirbel annimmt. Sind Sie schon so weit, daß Sie auf Grund Ihres Modells darüber etwas sagen können?

Professor Dr.-Ing. Rudolf Wille

Für den Freistrahl in dem von mir angegebenen Bereich der Re-Zahl ist die Orientierung der Wirbel bekannt und genau untersucht worden: sie umfassen den Strahl wie Ringe, deren Ebenen senkrecht zur Strahlachse liegen.

Betrachtet man die Entstehung der Ringwirbel aus den Mäandern, so kann man sich vorstellen, daß zum Beispiel die im Strahl mitgeführte Wärme sich schneller seitlich ausbreitet als der Impuls. Bei der Aufrollung der freien Düsengrenzschicht zu den Mäandern wird Wärme konvektiv in den wellenförmigen Ausbuchtungen nach außen transportiert. Den Impuls aber berechnet man aus dem zeitlichen Mittel der Geschwindigkeit. Wegen der Quadrierung fallen hierbei die weit außen auftretenden kleinen Geschwindigkeiten nicht ins Gewicht.

Bei dieser Gelegenheit darf ich erwähnen, daß wir noch keinen Beweis dafür angetreten haben, daß die mäanderartigen Aufrollungen beim Passieren des Hitzdrahts die gleichen Signale ergeben wie ein Ringwirbel.

Professor Dr.-Ing. Herbert Wagner

Eine Sache scheint mir interessant. Nach der Helmholtzschen Wirbeltheorie ist die Fortbewegungsgeschwindigkeit eines Ringwirbels nicht nur von der Wirbelstärke abhängig, wie z. B. beim ebenen Problem, sondern auch von seiner Energie. Die Energiedissipation ist in einem dünnen Wirbel sehr stark. Auch der Herr Vortragende sagte ja ungefähr dasselbe. Auffällig ist es beim Rauchring, der erst schneller geht, dann langsamer und langsamer wird, ohne daß seine Dicke dabei wesentlich zunimmt. Jeder Wirbelring, der im Innern Energie dissipiert, verlangsamt sich in seiner Geschwindigkeit. Als ich mir die Filme ansah, kam es mir fast so vor, als ob die regelmäßige Wirbelströmung ungefähr dort zerfällt, wo verlangsamte Wirbelringe sozusagen aufeinanderprallten und sich gegenseitig zu stören beginnen.

Professor Dr.-Ing. Rudolf Wille

Es ist richtig, daß der Beginn der ungeordneten Bewegung dort liegt, wo zwei Wirbel sich vereinigen. Am Ende meines Vortrags erwähnte ich die Dommsche Hypothese: Der Wirbel wird instabil, d. h. er zerfällt, wenn seine Wirbelstärke einen kritischen Wert erreicht hat. Man hat dabei zu beachten, daß die Wirbel in der Strahlgrenzschicht einen Anfachungsprozeß durchlaufen, d. h. ihre Wirbelstärke wächst während der Stromab-Bewegung. In bestimmten Fällen wird die kritische Wirbelstärke dadurch erreicht, daß zwei aufeinanderfolgende Wirbel sich zu einem größeren vereinigen. Unmittelbar darauf setzt der turbulente Zerfall ein. Die Vereinigung zweier Wirbel kommt offenbar dadurch zustande, daß infolge ihrer Eigenpropulsion die Wirbel Geschwindigkeitsschwankungen unterliegen und dabei aus ihren Anfangslagen herausgerückt werden. Diese Verrückungen wachsen an und zwei Wirbel laufen, im Relativsystem, aufeinander zu. Für die ebene Wirbelstraße entlang einer Wand hat U. Domm [9] hierzu die Rechnungen geliefert.

Die weitere Frage ist, ob solche Wirbelbewegungen entsprechend der Helmholtzschen Wirbeltheorie innerhalb einer Scherströmung auf die Dauer aufrechterhalten werden können. Hierzu stellte ich am Ende meines Vortrags eine zweite Hypothese auf.

Professor Dr.-Ing. Herbert Wagner

Ich möchte noch bemerken, daß Helmholtz die Fortpflanzungsgeschwindigkeit des Ringwirbels schon in seiner ersten Arbeit über die Theorie der Wirbel behandelt hat.

Professor Dr.-Ing. August Wilhelm Quick

Ich möchte mich den schon ausgesprochenen Komplimenten über die sehr schönen Experimente anschließen. Aus den vielen Berührungen mit meinem Kollegen Wille weiß ich, daß an seinem Institut die Hohe Schule des Experimentierens fortgesetzt wird, die schon von seinem Vorgänger, Herrn Föttinger, sehr gepflegt wurde.

Nun habe ich noch eine Frage: Sie zeigten das typische Bild der Abhängigkeit der Anfachungsfrequenz von der Reynoldszahl und die Gegenüberstellung des Falles der ungestörten ebenen Strömung mit dem akustisch gestörten rotationssymmetrischen Fall. Es ergaben sich Unterschiede. Glauben Sie, daß bei Wiederholung des Versuches mit dem ebenen Fall die Unterschiede verschwinden?

Professor Dr.-Ing. Rudolf Wille

Die Frage, ob sich bei geeigneter dimensionsloser Darstellung die Instabilitätskurven für den Fall Platte und den Fall Freistrahl aufeinanderfallend darstellen lassen, kann ich heute noch nicht beantworten. Die von mir gezeigte, die Messungen von O. Wehrmann enthaltende Kurve ist keine Kurve „neutraler Störungen“ im Sinne der Tollmien-Schlichting-Theorie. Die wirbelförmigen Störungen der Strahl-Randzone erfahren bei ihrem Lauf stromab stets eine „Anfachung“, d. h. Umfangsgeschwindigkeit und Kerndurchmesser wachsen. Die Wehrmannschen Meßpunkte geben eine Grenze an, eine Grenze für die mögliche Wirkung der stabilisierenden akustischen „Störung“ in Zuordnung zur Reynoldsschen Zahl der Strahlgrenzschicht im Mündungsquerschnitt.

Andererseits deuten die geometrisch ähnliche Gestalt der Tollmienschen Neutralitätskurve und unserer „Grenzkurve“ darauf hin, daß bei Wahl anderer dimensionsloser Parameter beide ineinander übergeführt werden können. Wenn beide Kurven grundsätzlich das gleiche Phänomen beschreiben, dann müßte dies möglich sein. Mir scheint jedoch, daß wir die physikalische „Natur“ der „neutralen Störungen“ in Scherströmungen wachsender Dicke noch näher untersuchen müssen.

Professor Dr.-Ing. August Wilhelm Quick

Ich darf dazu noch eines bemerken: Die Erregungen sind ganz verschiedener Art. Schubauer hat doch den in der Grenzschicht liegenden Draht erregt und damit auch das nachbilden wollen, was die Tollmiensche Theorie wirklich behandelt: sie geht von Störungen im Grenzschichtprofil aus. Hier liegt aber eine Aufprägung von periodischen Druckschwankungen von außen her auf die Grenzschicht vor. Das ist nicht ganz dasselbe.

Professor Dr.-Ing. Rudolf Wille

Hierzu möchte ich auf die Arbeit von Bergh [24] hinweisen. Bergh untersuchte die Grenzschicht an einem Tragflügelprofil. Bei akustischer Stabilisierung der Störungen fand er ähnliche Meßwerte wie Schubauer. Es scheint, daß die Art der Stabilisierung, mechanisch durch schwingendes Band oder akustisch durch Druckwellen, keinen Einfluß auf das Meßergebnis hat.

Neuere Entwicklungen der Thermodynamik

Von Professor Dr. phil. *Josef Meixner*, Aachen

I. Einleitung

Die Thermodynamik ist eine bemerkenswerte Disziplin der theoretischen Physik; ihr Ursprung liegt in der Technik, ist sie doch aus den Bedürfnissen des Dampfmaschinenbaus hervorgegangen. Damit steht sie im Gegensatz etwa zur Elektrodynamik, zur Relativitätstheorie, zur Atom- und Quantentheorie, die ihrerseits der technischen Entwicklung weit vorausgeeilt waren.

Die Thermodynamik galt lange als ein spezielles Gebiet der Physik, nämlich als die Lehre von den Wärmeerscheinungen. Mit den Seitenschößlingen, die ihr im Laufe ihrer Entwicklung zugewachsen sind, mit der Einbeziehung der chemischen Reaktionen, der Hohlraumstrahlung, der elektromagnetischen Felder, hat sie mehr und mehr den Charakter einer übergeordneten Wissenschaft angenommen.

Man kann vielleicht heute die Thermodynamik am besten so kennzeichnen, daß man sagt: Sie befaßt sich mit den Zuständen der kontinuierlichen Materie und gibt allgemeine Zusammenhänge der Eigenschaften dieser Zustände. Um ein ganz einfaches Beispiel zu geben, erwähnen wir den Zusammenhang zwischen Dampfdruck, Temperatur, spezifischen Volumina und Verdampfungswärme, die sogenannte Clausius-Clapeyronsche Gleichung oder Dampfdruckformel.

Die Tatsache, daß sich die Thermodynamik nicht für die spezifischen Eigenschaften spezieller Materialien interessiert, gibt ihr den Charakter einer Rahmentheorie, eines Rahmens, in den sich detailliertere Theorien der Materie einzuordnen haben. So wird eine atomistische Theorie der Verdampfung in der Lage sein, auch numerische Werte etwa der Verdampfungswärme des Wassers, der spezifischen Volumina von Wasser und Wasserdampf und des Dampfdrucks zu liefern; wenn sie richtig durchgeführt ist, so wird sie aber nicht umhin können, die Clausius-Clapeyronsche Gleichung zu bestätigen, d. h. sich in den Rahmen der thermodynamischen Gesetze einzuordnen.

Wenn ich im folgenden über neuere Entwicklungen der Thermodynamik sprechen werde, so muß ich mir wohl einige Beschränkungen auferlegen. Wenn es auch nach außen hin scheinen mag, als ob das Interesse der theoretischen Physiker der ganzen Welt sich auf die Probleme der Kernphysik und der Elementarteilchen konzentriert, so darf man doch wohl sagen, daß gerade in der Thermodynamik mit ihren Verallgemeinerungen und Verfeinerungen heute eine lebhafte Entwicklung vor sich geht. Ein vollständiger Überblick über ihre Ergebnisse ist in der mir zur Verfügung stehenden Zeit nicht möglich und so möchte ich mich auf ein Teilgebiet, auf die eigentliche Thermodynamik des Gleichgewichts und der irreversiblen Prozesse beschränken. Dies gibt mir die Möglichkeit, das Thema von einem zentralen Begriff, dem der Entropie, her zu entwickeln, aber auch die Gelegenheit, auf die Beiträge meines Instituts einzugehen.

Tatsächlich ist die Thermodynamik eine Disziplin von einer verhältnismäßig einfachen logischen Struktur. Dies bedeutet allerdings nicht, daß sie deswegen besonders leicht verständlich sei. Im Gegenteil ist die Denkweise der Thermodynamik so eigenartig und so sehr verschieden von der in der übrigen theoretischen Physik, und insbesondere der Entropiebegriff ist so schwer anschaulich faßbar, daß nicht nur der Student der Thermodynamik oft recht fremd gegenübersteht.

Ein Teil dieser Schwierigkeiten läßt sich wohl dadurch erklären, daß die fundamentalen Begriffe der Thermodynamik nicht die unmittelbar zugänglichen sind.

Leicht zugänglich ist der Temperaturbegriff; er läßt sich aus einfachsten Erfahrungen heraus entwickeln. Immerhin noch recht einfach ist der Begriff der Wärme, der auf kalorimetrische Experimente gegründet werden kann. Wenig anschaulich und erst durch einen längeren Denkprozeß zu gewinnen, ist der Entropiebegriff. Dies hängt auch damit zusammen, daß es zwar einfache Instrumente zur Temperatur- und Wärmemessung, aber kein Instrument zur direkten Messung der Entropie gibt. Mit der Brauchbarkeit dieser Begriffe ist es jedoch gerade umgekehrt wie mit ihrer Anschaulichkeit. So verliert der Begriff der Wärmemenge seinen Sinn, wenn man die Betrachtungen der Thermodynamik auf irreversible Vorgänge in Mehrstoffsystemen erweitert. Und auch der Temperaturbegriff kann recht künstlich oder gar unbrauchbar werden, wenn man ihn etwa in einem Gasentladungsplasma anzuwenden sucht. Im Gegensatz dazu behält der Entropiebegriff seinen Sinn weit über die Grenzen der eigentlichen Thermodynamik hinaus und erweist damit seinen fundamentaleren Charakter.

Es kann natürlich nicht meine Aufgabe sein, den Entropiebegriff hier ausführlich zu entwickeln. Vielmehr wird es sich darum handeln, ihn von neuer Seite her zu beleuchten. Im einzelnen werde ich dabei auf die Informationstheorie, auf die Axiomatik der Thermodynamik, auf die Thermodynamik der irreversiblen Prozesse und auf die allgemeine Theorie der linearen Systeme eingehen.

II. Entropie als Mangel an Information

Ich habe schon erwähnt, wie schwierig es ist, den Entropiebegriff verständlich zu machen. In der Thermodynamik entwickelt man ihn etwa aus dem Prinzip der Unmöglichkeit eines perpetuum mobile zweiter Art, d. h. einer periodisch arbeitenden Maschine, die Wärme aus der Umgebung aufnimmt und mechanische oder elektrische usw. Energie an die Umgebung abgibt. Über den Begriff des reversiblen Prozesses und aus einer Analyse des Wirkungsgrades von Carnot-Maschinen (das sind periodisch und reversibel arbeitende Maschinen, welche mit der Umgebung Wärme bei zwei verschiedenen Temperaturen austauschen) kommt man einmal zu einer universellen, d. i. der thermodynamischen Temperaturskala, und weiter zu der Tatsache, daß bei einem reversiblen Prozeß die Summe der von einem thermodynamischen System aufgenommenen Wärmemengen, durch die bei jedem Schritt herrschende Temperatur dividiert, nur vom Anfangs- und Endzustand des Systems abhängt, aber nicht vom reversiblen Weg, den man für den Übergang zwischen beiden Zuständen wählt. Hieraus folgt mathematisch die Existenz einer Zustandsfunktion, eben der Entropie, deren Differential gleich der bei einem differentiellen reversiblen Schritt aufgenommenen Wärme dividiert durch die Temperatur des Systems während dieses Schrittes ist. Grundsätzlich kann die Entropie so auch experimentell bestimmt werden.

Wenn auch der auf diese Weise entwickelte Entropiebegriff recht wenig anschaulich ist, so ist glücklicherweise für viele thermodynamische Untersuchungen seine formale Beherrschung ausreichend.

Seit der Entwicklung der statistischen Mechanik ist die Bedeutung der Entropie viel klarer geworden. Sie läßt sich danach durch die berühmte Formel $S = k \ln W$ (Entropie proportional zum Logarithmus der „Wahrscheinlichkeit") ausdrücken, die auf *Boltzmann*[1] zurückgeht. Es handelt sich dabei um die wohl definierte Wahrscheinlichkeit atomarer Verteilungen. Der Wert dieser Formulierung liegt nicht allein darin, daß der Entropiebegriff damit seine Abstraktheit verliert, sondern auch in der Tatsache, daß man mit ihr numerische Werte der Entropie prinzipiell und für viele Systeme auch tatsächlich aus den atomaren Eigenschaften berechnen kann.

Eine sehr interessante neue Erklärung der Entropie hat sich seit der Entwicklung der Informationstheorie, deren Anfänge etwa 30 Jahre zurückliegen, ergeben. Man kann grob so sagen: Die Entropie ist ein Ausdruck für den Mangel an Information. Oder anders ausgedrückt: Die Entropie eines Systems ist um so kleiner, je mehr wir darüber wissen. Betrachten wir als Beispiel ein Gas mit N Molekülen, das in einem Volumen V eingeschlossen ist und dessen gesamte Energie einen festen Wert U hat. Das Maximum an Information liegt dann vor, wenn wir von jedem einzelnen Molekül Lage und Geschwindigkeit kennen (wir sehen der Einfachheit halber von inneren Freiheitsgeraden und von der durch die Quantentheorie bedingten Unbestimmtheitsrelation ab). Bei dieser Kenntnis hat die Entropie den kleinsten Wert. Wenn wir andererseits nicht mehr über das System wissen außer dem Volumen V und der Energie U, so haben wir ein Minimum an Information und damit ein Maximum der Entropie.

Zwischen diesen Grenzen gibt es natürlich beliebig viele Grade an Information. Man betrachte etwa den Fall, daß man neben U, V noch weiß, daß sich alle Moleküle in einer Hälfte des Volumens befinden, während die andere Hälfte leer ist. Dann besitzt die Entropie einen Wert zwischen den vorher genannten Grenzen.

Es erhebt sich nun die Frage, wie der Grad an Information I quantitativ formuliert werden kann, so daß wir der Entropie für jede Situation einen wohldefinierten numerischen Wert zuordnen können, etwa in Gestalt einer Beziehung $S - S_{max} = I$. Diese Fragestellung ist jedoch verhältnismäßig uninteressant, da uns bereits die statistische Mechanik erlaubt, eben mit der berühmten Formel $S = k \ln W$ die Entropie grundsätzlich für jede Situation zu berechnen.

Viel wichtiger ist die Aussage, die wir durch Kombination der beiden Darstellungen für die Entropie gewinnen, nämlich

$$I = \ln (W_{max}/W).$$

[1] *L. Boltzmann*, Sitzungsberichte d. Akademie der Wissenschaften, Wien **76** (2),373 (1877).

Sie gibt uns ein quantitatives Maß für die Information, ausgedrückt durch die Wahrscheinlichkeit, mit der das System von sich aus den Zustand annimmt, der der Information entspricht. Diese Beziehung liegt der gesamten modernen Informationstheorie zugrunde.

Eine interessante Anwendung findet diese Auffassung der Entropie als Mangel an Information zur Aufklärung der Paradoxie in einem berühmten Gedankenexperiment.

Nach dem zweiten Hauptsatz der Thermodynamik soll es unmöglich sein, ein perpetuum mobile zweiter Art zu konstruieren. Dieser Satz hat für das schon vorher betrachtete Gas die Folge, daß es unmöglich sein soll, etwa die eine Hälfte des Gases zu erwärmen und die andere Hälfte in entsprechendem Maße abzukühlen, ohne daß Änderungen in der Umgebung zurückbleiben.

Wir nehmen nun an, daß die beiden Hälften A und B (siehe Abbildung 1) durch eine Wand mit einer sehr kleinen Schiebetüre getrennt seien.

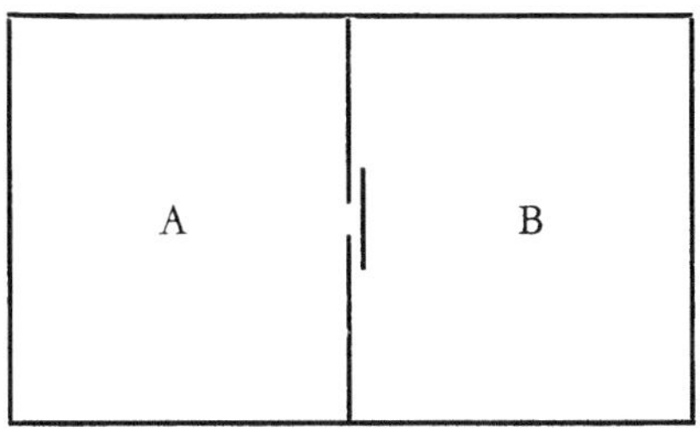

Abb. 1: Zum Maxwellschen Dämon.

Maxwell (1871) hat den nach ihm benannten Maxwellschen Dämon erfunden, der in der Lage sein soll, diese Schiebetüre immer dann kurzzeitig zu öffnen, wenn er ein schnelles Molekül von links oder ein langsames Molekül von rechts ankommen sieht. Der Maxwellsche Dämon soll also die Moleküle sortieren können, derart, daß sich die schnelleren Moleküle rechts, die langsameren links ansammeln, d. h. daß sich das Gas in B erwärmt, in A abkühlt, ohne daß Änderungen in der Umgebung erfolgen.

Dies ist im Widerspruch zum zweiten Hauptsatz der Thermodynamik. Dieser Widerspruch hat Generationen von Physikern beschäftigt und erst *Szilard*[2], der Begründer der Informationstheorie, hat dieses Paradoxon auflösen können. Dabei ist die Auflösung außerordentlich einfach. Um die

[2] *L. Szilard*, Zeitschrift für Physik **53**, 840 (1929).

Moleküle sortieren zu können, muß der Maxwellsche Dämon diese sehen können. Er befindet sich aber in einem Gas, das, jedenfalls bevor er seine Arbeit beginnt, sich im thermodynamischen Gleichgewicht bei einer Temperatur T befindet. In diesem Gas würde der Maxwellsche Dämon nur die Hohlraumstrahlung und ihre Schwankungen sehen, die beide unabhängig von der Zahl der vorhandenen Moleküle sind; er würde aber ohne besondere Ausstattung kein einziges Molekül sehen können. Deshalb kann er auch nicht sortieren und damit auch nicht den zweiten Hauptsatz verletzen.

Um sehen zu können, braucht der Maxwellsche Dämon eine Lampe, welche nicht gerade schwarze Strahlung der Temperatur T aussendet. Sie gibt ihm negative Entropie auf Kosten der Entropiezunahme der Batterie. Mit seiner Lampe beobachtet er nun Moleküle und verwandelt damit die negative Entropie in Information. Die Information benutzt er wiederum, um im geeigneten Augenblick seine Schiebetür zu öffnen. Er verwandelt damit seine Information in eine Entropieabnahme seines Gases. Auch der Maxwellsche Dämon muß also bei seiner Arbeit Änderungen in der Umgebung des Systems, nämlich eine Entropiezunahme seiner Batterie, in Kauf nehmen.

Man kann diesen Vorgang quantitativ untersuchen und stellt dann auch quantitativ fest, daß der Maxwellsche Dämon nicht fähig ist, den zweiten Hauptsatz zu verletzen. Dies hat Brillouin[3] durchgeführt; darüber hinaus hat er noch grundsätzlich den Meßprozeß im Zusammenhang mit der Entropieänderung des beobachteten Systems durch die Messung analysiert.

III. Axiomatik der Thermodynamik und Nernstscher Wärmesatz

Unter Axiomatisierung einer Theorie versteht man, daß man aus den Aussagen und Sätzen der Theorie eine Auswahl trifft derart, daß sich die ganze Theorie aus dieser Auswahl deduktiv herleiten läßt. Die getroffene Auswahl nennt man ein Axiomensystem.

Neben der Geometrie, deren Axiomatisierung ja bekanntlich bis auf Euklid zurückgeht, war es insbesondere die Thermodynamik, die zu einer Axiomatisierung reizte. Dies liegt an ihrer Allgemeinheit und ihrer einfachen Struktur. Man kann schon ihre Formulierung in Hauptsätzen als Vorstufe

[3] *L. Brillouin*, Journal of Applied Physics, **22,** 334, 338, 1108, (1951), **24,** 1152 (1953).

einer Axiomatisierung bezeichnen. Ein viel tieferes Eindringen in ihre Struktur finden wir in der Carathéodoryschen Axiomatik. Sie beschränkt sich allerdings auf thermische Systeme, d. h. auf solche mit Temperatur und erklärt demnach die Entropie nur für solche Systeme.

Eine neue Axiomatisierung, die von dieser Einschränkung frei ist, haben kürzlich *Falk* und *Jung*[4] gegeben. Es ist mir hier nicht möglich, diese Axiomatik darzustellen. Ich möchte mich mit der Bemerkung begnügen, daß wesentliche Grundlage das Studium der Übergangsrelationen zwischen den Zuständen eines Systems ist. Es gibt zwei ausgezeichnete Übergangsrelationen, solche für adiabatisch isolierte (wärmeundurchlässige) und solche für energetisch isolierte Systeme. Aus der Vollständigkeit dieser Übergangsrelationen folgt die Existenz von Variablen, die man als empirische Entropie und empirische Energie bezeichnet (die Bezeichnung ist in Analogie zur empirischen Temperatur getroffen). Aus einfachen und einleuchtenden Annahmen über die Zusammensetzung von Systemen folgt dann, daß man aus diesen empirischen Funktionen durch Skalenänderung eine metrische Entropie und eine metrische Energie gewinnen kann, die beide die bekannten Additivitätseigenschaften besitzen.

Das Bemerkenswerte an dieser Grundlegung der Thermodynamik ist, daß weder der Temperaturbegriff noch der Wärmebegriff, noch wie bei Carathéodory die Eigenschaften von Pfaffschen Differentialen benötigt werden, um den Entropiebegriff zu entwickeln. Er folgt allein aus der Existenz der adiabatischen Isolation und der Tatsache, daß unter dieser Isolation von den beiden Übergängen $z \to z'$ und $z' \to z$ zwischen zwei Zuständen z, z' wenigstens einer möglich ist, aber nicht stets beide möglich sind.

Ich darf in diesem Zusammenhang auf eine interessante Neuformulierung des Nernstschen Wärmesatzes hinweisen, die ebenfalls auf *Falk*[4a] zurückgeht. Die übliche und von Planck herrührende Formulierung besagt, daß die Entropie einer chemisch reinen Substanz am absoluten Nullpunkt verschwindet. Es ist schon nicht einfach zu erklären, was chemisch rein bedeuten soll. Hierzu kommt, daß der Nernstsche Wärmesatz wegen der expliciten Verwendung des Temperaturbegriffs weniger universellen Charakter zu haben scheint, wie der erste und der zweite Hauptsatz der Thermodynamik.

[4] *G. Falk* und *H. Jung*, Axiomatik der Thermodynamik. Handbuch d. Physik Bd. III/2, S. 119. Berlin-Göttingen-Heidelberg 1959.
[4a] *G. Falk*, Physical Review **115**, 249 (1959).

Die neue Formulierung des Nernstschen Wärmesatzes stellt dagegen einen universellen Zusammenhang zwischen der Entropie und der Energie eines Systems her. Damit verdient sie eigentlich erst die Bezeichnung als dritter Hauptsatz der Thermodynamik. Diese Formulierung lautet: *Sowohl die Energie wie die Entropie eines physikalischen Systems haben einen kleinsten möglichen Wert, der zu Null normiert werden kann. Nimmt die Energie ihren kleinsten Wert an, so gilt dasselbe für die Entropie. Das umgekehrte braucht nicht zu gelten.*

Einfache Folgerungen des dritten Hauptsatzes in dieser neuen Fassung sind die übliche Formulierung des Nernstschen Wärmetheorems, die Nichtentartung oder Einfachheit des Grundzustandes eines thermodynamischen Systems und ein Kriterium für die Unterscheidbarkeit von Substanzen (sie können nicht bei allen Energien eine ideale Mischung bilden) und damit eine elegante Auflösung des Gibbsschen Paradoxons.

Ich darf noch ergänzend bemerken, daß auch die neuerdings interessant gewordenen negativen Temperaturen sich zwanglos in diese Axiomatik der Thermodynamik einordnen lassen.

IV. Die Thermodynamik der irreversiblen Prozesse

Eine ganz anders gerichtete Entwicklung hat die Thermodynamik in den letzten 20 bis 30 Jahren erfahren. Sie hat sich früher im wesentlichen mit den Gleichgewichtszuständen der Materie befaßt und die irreversiblen Vorgänge wurden von ihr ziemlich abgetrennt, nur an Einzelbeispielen wie Wärmeleitung, Diffusion, innere Reibung, untersucht. Die Eigenschaft dieser Vorgänge, im Sinne der Thermodynamik irreversibel zu sein, war zwar sehr wohl bekannt. Eine einheitliche und allgemeine Theorie der irreversiblen Vorgänge hat sich aber erst im Anschluß an die Arbeiten von *Onsager*[5] und *Eckart*[6] entwickelt[7]. Dies ist insofern erstaunlich, als alles für diese Theorie Notwendige mindestens seit der Jahrhundertwende bereitlag. Vielleicht liegt dies aber daran, daß mit dem Aufkommen der Atomistik das allgemeine Interesse sich zu sehr diesem Gebiet zuwandte

[5] *L. Onsager*, Physical Review **37,** 405 (1931), **38,** 2265 (1931).

[6] *C. Eckart*, Physical Review **58,** 267, 269, 919, 924 (1940).

[7] Siehe die zusammenfassende Darstellung von *J. Meixner* und *H. G. Reik*, Thermodynamik der irreversiblen Prozesse, Handbuch der Physik, Bd. III/2, S. 413. Berlin-Göttingen-Heidelberg 1959.

und im Verein damit der statistischen Mechanik und den atomistisch kinetischen Theorien der Materie.

Diese Thermodynamik der irreversiblen Prozesse ist in gleicher Weise eine Verallgemeinerung der Thermodynamik wie die Hydrodynamik eine solche der Hydrostatik ist. Allein an diesem Vergleich kann man ermessen, welche Ausdehnung die Thermodynamik mit dieser Erweiterung gewonnen hat.

Ich kann auch hier nicht auf Einzelheiten eingehen, möchte vielmehr nur die Struktur der Thermodynamik der irreversiblen Prozesse in großen Zügen auseinandersetzen.

Da sind zunächst die Erhaltungssätze der Physik, die ihre mathematische Formulierung als Bilanzgleichungen erfahren. Wenn man einmal weiß, daß die Energie, der Impuls, die Mengen der chemischen Elemente, die elektrische Ladung bei allen Vorgängen erhalten bleiben, so ist die mathematische Formulierung dieser Erhaltungssätze eine einfache Angelegenheit. Man hat nur in einer sogenannten Bilanzgleichung zum Ausdruck zu bringen, daß etwa die Ladung in einem gewissen Volumen um so viel zunimmt, als durch seine Wände Ladung hereinströmt.

Für die Entropie gilt kein Erhaltungssatz. Man weiß ja, daß die Entropie in einem abgeschlossenen System sich ändern, allerdings dann nur zunehmen kann. Tatsächlich läßt sich aus den Erhaltungssätzen und aus der Thermodynamik eine Beziehung gewinnen, die man als verallgemeinerte Bilanzgleichung deuten und in Worten so schreiben kann:

Änderung der Entropie in einem Volumen = hereingeströmte Entropie + produzierte Entropie

Damit werden der Entropie zwei Gefährten beigegeben, der Transport von Entropie und die Produktion von Entropie, zwei neue und quantitativ formulierbare Begriffe. Wenn die Entropie schon in der Thermodynamik des Gleichgewichts eine zentrale Stellung einnahm, so ist dies bei der Entropieproduktion für die irreversiblen Prozesse noch viel mehr der Fall, und ich möchte dies unter geringer Abänderung eines Ausspruchs von *Emden*[8] so ausdrücken:

„In der riesigen Fabrik der Naturprozesse nimmt die Entropieproduktion die Stelle des Direktors ein; denn sie schreibt die Art und den Ablauf des ganzen Geschäftsganges vor. Das Energieprinzip und die anderen Erhaltungssätze spielen nur die Rolle von Buchhaltern, indem sie Soll und Haben ins Gleichgewicht bringen.“

[8] *R. Emden*, Nature, **141**, 908 (1938).

In der Tat bestimmt die Entropieproduktion, in welcher Weise und in gewissem Umfang auch wie schnell sich der thermodynamische Zustand ändert. Dies drückt sich in den sogenannten phänomenologischen Gleichungen aus, die unmittelbar aus der Entropieproduktion abgelesen werden können.

V. Anwendungen der Thermodynamik der irreversiblen Prozesse

Vielleicht sollte man die Thermodynamik irreversibler Prozesse weniger eine Theorie als eine Methode nennen; denn sie sagt uns, wie man die Gleichungen für irreversible Vorgänge aufzustellen hat, also wie man die Theorie der Erscheinungen in einem gewissen Bereich systematisch gewinnt.

Das Gebiet, das sie erfaßt, läßt sich dahin charakterisieren, daß sie Gültigkeit für das Verhalten der ganzen kontinuierlichen Materie, soweit sie nicht zu sehr vom thermodynamischen Gleichgewicht entfernt ist, beansprucht. Sie ist also die Kontinuumsphysik schlechthin.

In der Thermodynamik der irreversiblen Prozesse sind beispielsweise enthalten: Die Hydro- und Aerodynamik, die Elastizitätstheorie und die Rheologie einschließlich des thermischen Verhaltens, ohne und mit elektrischen und magnetischen Feldern, die chemischen Reaktionen, die Diffusion und Thermodiffusion, die Wärme- und Elektrizitätsleitung, die Theorie der elastischen, akustischen, dielektrischen und magnetischen Relaxation bzw. Verluste. Ja, selbst mit der Theorie der Brownschen Bewegung bestehen enge Zusammenhänge. Ein wichtiges Anwendungsgebiet ist neuerdings auch das Plasma. Und wenn man sich auf Schätzungen verläßt, die angeben, daß 50% des Weltalls aus Plasma bestehen, so ist selbst unter Zulassung eines Fehlers einer Zehnerpotenz nach oben oder unten ein großer Anwendungsbereich für diese Disziplin gegeben.

Ich darf mir erlauben, noch kurz auf einige spezielle Anwendungen einzugehen, die den praktischen Nutzen der Thermodynamik irreversibler Prozesse und auch ihre mögliche Bedeutung für andere Gebiete der Naturwissenschaft deutlich machen.

Eine wichtige Anwendung bezieht sich auf die Wärmeleitfähigkeit von chemisch reagierenden, dissoziierenden und teilweise ionisierten Mischungen. Während in nicht reagierenden Gasen Wärmeleitung nur durch Transport der kinetischen Energie der Moleküle erfolgt, kommt hier ein weiterer Beitrag zur Wärmeleitung hinzu, der von der Diffusion der Reaktions-, Dissoziations- oder Ionisierungsenergie herrührt. Im Beispiel des dissoziierenden Gases ist der Mechanismus hierfür folgender:

Sei im Gefäß der Abbildung 2 die Temperatur und damit der Dissoziationsgrad links niedriger als rechts. Moleküle, die nach rechts diffundieren, werden dort zum Teil dissoziieren und dabei Energie aufnehmen. Die Dissoziationsprodukte werden bei Diffusion nach links wieder zu Molekülen rekombinieren und dabei die Dissoziationsenergie wieder abgeben. Es wird also über diesen Mechanismus, zusätzlich zur gewöhnlichen Wärmeleitung, Wärme von rechts nach links, also von höherer Temperatur nach niedrigerer Temperatur transportiert. Dabei wirkt neben der gewöhnlichen Diffusion auch noch die Thermodiffusion mit.

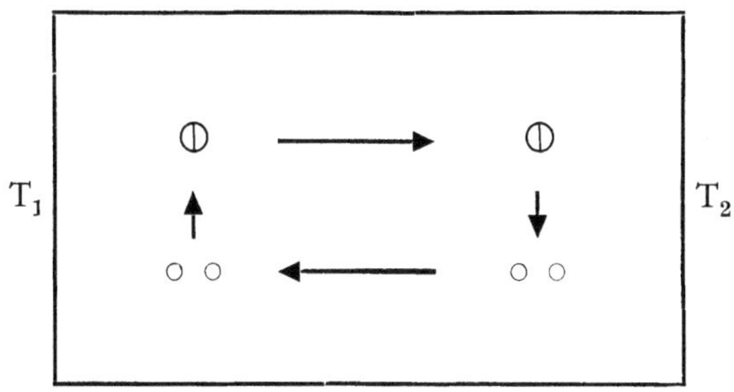

Abb. 2: Zur Wärmeleitung durch Dissoziation (die vertikalen Übergänge sind nicht räumlich, sondern im Sinne einer Reaktionsgleichung zu verstehen).

Mit Hilfe der Thermodynamik der irreversiblen Prozesse kann man eine einfache Theorie der zusätzlichen Wärmeleitfähigkeit entwickeln, die vor allem auch gute numerische Werte zu berechnen erlaubt. Atomistische oder kinetische Theorien dieses Effekts führen praktisch zu keinen weitergehenden Ergebnissen, benötigen dazu aber einen unvergleichlich viel größeren Aufwand.

Anwendungen dieser Ergebnisse auf der Grundlage der Thermodynamik der irreversiblen Prozesse sind gerade in letzter Zeit an verschiedenen Stellen für verdünnte hochtemperierte Luft bis zu 24 000° K durchgeführt worden. Unter diesen Bedingungen sind die Moleküle der Luft ja teilweise dissoziiert und ionisiert und ihre Wärmeleitfähigkeit ist dadurch beträchtlich erhöht.

Die praktische Bedeutung und der Anlaß dieser Rechnungen liegt darin, daß sich Temperaturen von dieser Größenordnung vor einem Raketenkopf beim Durchgang durch die Atmosphäre ausbilden. Sie erlauben, die

Verhältnisse zwischen der Raketenoberfläche und der vor ihr ausgebildeten Stoßfront quantitativ zu studieren und damit zu Aussagen über die Aufheizung der Raketenoberfläche zu kommen.

Besonderes Interesse hat die Thermodynamik der irreversiblen Prozesse in der Biologie gefunden. Zwei Hauptgründe gibt es wohl dafür. Zum ersten ist dies die natürliche Auflösung des von Philosophen und Biologen angenommenen Widerspruchs zwischen dem Dissipationsgesetz der Physik (das Streben nach einem Höchstmaß an Unordnung, was gleichwertig mit einem Maximum an Entropie ist) und dem Evolutionsgesetz der Biologie (dem Streben nach höherer Ordnung, Mannigfaltigkeit und Organisation in den lebenden Organismen). Ich weiß nicht, ob die Physiker diesen Widerspruch je ernst genommen haben, beruht er doch auf einer nicht zulässigen Anwendung des zweiten Hauptsatzes. Dieser sagt ja nur, daß die Entropie in einem abgeschlossenen System (d. h. bei konstantem Volumen und konstanter Energie) einem Maximum zustrebt. Die biologischen Organismen sind jedoch offene Systeme; sie ändern mit der Zeit nicht nur ihr Volumen und ihre Energie, sie nehmen auch Stoffe auf und geben sie häufig in veränderter Form wieder ab. Ihre Entropie braucht also nicht zuzunehmen; sie kann vielmehr sogar abnehmen, indem gleichviel oder mehr Entropie ausströmt als im Organismus durch die Stoffumsetzungen und Transportprozesse produziert wird.

Zum zweiten ist es aber wohl die Tatsache, daß die Erweiterung der Thermodynamik auf offene Systeme in Gestalt der Thermodynamik der irreversiblen Prozesse die Aussicht gibt, biologische Probleme mit den Methoden der theoretischen Physik auch quantitativ anzugreifen. So ist ein neues Grenzgebiet im Entstehen begriffen, in welchem sich die Physik, die physikalische Chemie und die Biologie die Hand reichen und welches *Bertalanffy*[9] als die „Theorie offener Systeme und des Fließgleichgewichts" bezeichnet.

VI. Lineare dissipative Systeme

Ein interessantes und anwendungsreiches Spezialgebiet der Thermodynamik der irreversiblen Prozesse sind die dissipativen linearen Systeme. Es umfaßt insbesondere die Gesamtheit der Relaxationserscheinungen und

[9] *L. von Bertalanffy*, Biophysik des Fließgleichgewichts. Sammlung Vieweg, Heft 124. Braunschweig 1953.

damit auch die Theorie der elektrischen Netzwerke und, noch allgemeiner, die Theorie der elektromagnetischen Felder in verlustbehafteten Materialien. Hier berührt sich die Thermodynamik der irreversiblen Prozesse auch mit der Theorie der Dispersionsrelationen, die in den letzten Jahren in der Theorie der Elementarteilchen von großer Bedeutung geworden sind.

Ein thermodynamisches System, auf welches wir von außen etwa mechanisch oder elektrisch hinreichend schwach einwirken, ist ein lineares System in bezug auf den Zusammenhang zwischen Einwirkung und Reaktion. Ein besonders einfaches Beispiel ist ein elektrisches Netzwerk mit der zeitabhängigen Spannung u(t) als Einwirkung, dem elektrischen Strom i(t) als Reaktion. Am Netzwerk ist auch der Begriff der Entropieproduktion besonders klar zu verstehen, ist sie doch hier nichts anderes als die durch die absolute Temperatur dividierte Joulesche Wärme. Ich möchte wegen der Durchsichtigkeit dieses Systems die grundlegenden Eigenschaften linearer Systeme am Beispiel elektrischer Netzwerke formulieren. In anderen Beispielen treten an die Stelle von Spannung und Strom etwa Schubspannung und Dehnungsgeschwindigkeit oder Druck- und Volumenänderung, oder elektrische Feldstärke und Verschiebungsstromdichte, allgemein gesprochen, eine intensive Variable und der zu ihr thermodynamisch konjugierte Fluß bzw. die Zeitableitung der thermodynamisch konjugierten Variablen.

An allgemeinen Aussagen für Spannung und Strom haben wir folgende:

1. Das Superpositionsprinzip oder die Linearität der Gleichungen.
2. Die Translationsinvarianz in der Zeit oder die Unabhängigkeit der Gleichungen von einer Verschiebung der Zeitskala.
3. Die Kausalität in dem Sinne, daß ein Strom erst dann fließen kann, wenn eine Spannung angelegt ist.
4. Die Dissipativität oder $\int_{-\infty}^{\tau} u(t)\, i(t)\, dt \geqq 0$ für alle Einschaltvorgänge, d. h. das Netzwerk kann höchstens soviel Energie zurückgeben als es aufgenommen hat.

Die Tragweite und die Bedeutung der letzten Aussage für die Eigenschaften der Netzwerkimpedanz sind den Elektrotechnikern schon lange bekannt. Daß sie auf alle thermodynamisch dissipativen linearen Systeme unmittelbar übertragen werden kann[10], ist merkwürdigereise erst sehr spät bemerkt worden, obwohl dies eine einfache Folge des zweiten Hauptsatzes der Thermodynamik ist.

[10] *J. Meixner*, Zeitschrift für Physik **139**, 30 (1954).

Allein aus diesen vier Eigenschaften linearer dissipativer Systeme lassen sich wichtige Folgerungen ziehen. Die Durchführung dieser Untersuchungen ist das besondere Verdienst meines Kollegen und Mitarbeiters *König*[11], der damit zu einer Vielzahl von Arbeiten über lineare Systeme den Schlußstein gesetzt haben dürfte. Ein wesentliches Ergebnis ist, daß jedes lineare dissipative System eine Impedanzfunktion besitzt, welche dieselben allgemeinen Eigenschaften wie eine Netzwerkimpedanz hat. Daraus folgt, daß lineare dissipative Systeme allgemein auf elektrische Netzwerke abbildbar sind, bzw. in ihrem Verhalten durch Netzwerke als Ersatzschaltbilder dargestellt werden können.

Die besondere Kraft der Dissipativitätseigenschaft 4. äußert sich nicht nur in den mathematischen Beweisführungen, sondern auch darin, daß sie die Kausalität als selbständige Eigenschaft entbehrlich macht und als Folgerung liefert. Ein lineares dissipatives System ist also notwendig auch kausal.

Mit wenigen Worten möchte ich noch auf eine andere Klasse von linearen Systemen eingehen, die in der Quantentheorie eine bedeutende Rolle spielen und die Dispersionsrelationen als wichtige Eigenschaft besitzen. Es handelt sich bei ihnen etwa um die Streuung von Elementarteilchen, und die zugeordneten Zeitfunktionen sind etwa die einfallende und die gestreute Materiewelle. Ich will aber auch hier ein vertrautes Beispiel aus dem klassischen Bereich herausgreifen, nämlich eine Leitung, die am Ende durch ein Netzwerk abgeschlossen ist. Bezeichnet man mit $f(t)$ den auf die Leitung gebrachten Impuls etwa am Eingang und mit $g(t)$ den reflektierten Impuls an derselben Stelle, so bestehen die oben genannten Eigenschaften der Linearität, der Invarianz gegen Zeittranslation und der Kausalität auch für die Zuordnung der Funktionen $f(t)$ und $g(t)$. Indessen ist die Dissipativität jetzt zum mindesten nicht mehr im früheren Sinne gültig. An ihre Stelle tritt eine andere Aussage, nämlich

$\int_{-\infty}^{\tau} |f(t)|^2 \, dt \geqq \int_{-\infty}^{\tau} |g(t)|^2 \, dt$ für alle τ, d. h. es wird bis zu jedem Zeitpunkt τ weniger Energie zurückkommen als auf die Leitung gebracht wurde. Auch diese Eigenschaft macht die Kausalität als selbständige Voraussetzung überflüssig.

[11] *H. König* und *J. Meixner*, Mathematische Nachrichten **19,** 266 (1958). *J. Meixner* und *H. König,* Rheologica Acta **1,** 190 (1958). *H. König,* Archiv der Mathematik **10,** 447, (1959).

Trotzdem bei solchen linearen Systemen die Entropie keine Bedeutung mehr zu haben braucht – man denke nur an die Streuung von Elementarteilchen –, bestehen zum mindesten formal mathematisch enge Zusammenhänge zwischen diesen und den linearen dissipativen Systemen.

Summary

There is an active development still taking place to-day in respect of thermodynamics, the development being directed towards refinements, generalizations, conceptual analogies with other domains and new applications. Of these latest results those are dealt with, in which the concept of entropy holds a centre position.

At first the way is explained by which the ideas and concepts of the information theory are applicable to thermodynamic systems and how the degree of information on a thermodynamic system depends on its entropy. As an example it is described why the so-called Maxwell demon is not in a position to infringe upon the second law of thermodynamics.

In view of its simple logical structure, thermodynamics has always given a particular instigation to axiomatic formulations. A new approach in this direction has lead to a new expression for the Nernst heat theorem, which includes the former one as a special case, which is not limited to systems possessing a temperature and which emphasises the feature of the entropy to have a smallest possible value.

Also the negative temperatures which have recently gained importance fit readily into this axiomatic scheme.

During the last three decenniums a thermodynamic theory of irreversible processes, meanwhile fairly complete, was developed besides the equilibrium thermodynamics. It is justified to call it straight away the continuum physic, because it brings the dynamic behaviour of continuous matter in connection with the irreversible processes like heat transfer, diffusion, inner conversions. Its predominant feature is that in addition to entropy there exists another quantity of fundamental importance, the entropy production. It gives valuable information on the kind and speed of the evolution of the irreversible processes. A few applications are indicated. It is in biology that the thermodynamics of irreversible processes is of particular interest at present.

Finally, linear dissipative systems are dealt with and their analogy to the electric networks is explained. The linear scattering systems which play an important rôle especially in quantum theory are discussed as counterparts to the linear dissipative systems.

Résumé

Une évolution rapide se manifeste encore aujourd'hui sur le plan de la thermodynamique. Il s'agit surtout de méthodes et d'analyses plus fines, de généralisations, d'analogies des notions avec celles d'autres domaines ainsi que d'applications d'un genre nouveau. Parmi les résultats récents l'auteur a choisi et présenté plus spécialement ceux où la notion d'entropie occupe une place prépondérante.

En premier lieu il y est exposé de quelle manière les idées et les notions de la théorie d'information sont applicables à des systèmes thermodynamiques et comment le degré d'information sur un système thermodynamique dépend de l'entropie de ce dernier. A titre d'exemple, il est expliqué pourquoi ce qu'on est convenu d'appeler le démon de Maxwell n'est pas en mesure de manquer au deuxième principe fondamental de la thermodynamique.

En raison de sa simple structure logique, la thermodynamique a toujours particulièrement tenté les savants à la développer des axiomes. L'établissement d'une nouvelle base axiomatique a eu pour conséquence de donner au théorème thermique de Nernst une nouvelle expression qui englobe la vieille formule en tant que cas particulier, ne se borne pas à des systèmes ayant une température et met au premier plan la propriété de l'entropie d'avoir une valeur minimum. Ce nouvel axiome est pertinemment valable également pour les températures négatives qui, ces derniers temps, ont pris de l'importance.

A côté de la thermodynamique de l'équilibre vient de se ranger dans les trente dernières années une théorie des processus irréversibles, entretemps presque définitivement mise au point. On est en droit de la qualifier de physique de continuité par excellence puisqu'elle établit un rapport entre le comportement dynamique de la matière continue et les processus irréversibles tels que la conduction de la chaleur, la diffusion, les transformations internes. Sa caractéristique la plus saillante est que le gain d'entropie s'ajoute comme propriété déterminante à l'entropie proprement dite. Elle donne des indications précieuses relatives au mode et à la vitesse du déroulement des processus irréversibles. Il est fait allusion à quelques applications. C'est d'ailleurs pour la biologie que la thermodynamique des processus irréversibles présente aujourd'hui un intérêt tout particulier.

Pour terminer, l'auteur traite des systèmes linéaires de dissipation et explique en même temps leur analogie avec le système des réseaux électriques. Puis il est fait mention des systèmes linéaires de dispersion qui constituent le pendant des systèmes linéaires de dissipation et qui jouent un rôle important surtout dans la théorie des quanta.

Diskussion

Professor Dr. phil. Walter Weizel

Ich habe zu meiner Freude in diesem Vortrag gesehen, daß die gute alte Tradition, unglückliche Bezeichnungen zu wählen, die dem Anfänger das Eindringen in die Thermodynamik sauer machen, auch in der Zukunft fortgesetzt wird. Man spricht von der Wahrscheinlichkeit eines Zustandes, statt von der Zahl seiner Realisierungsmöglichkeiten und jetzt ist die Information dazu gekommen. Dieses Wort erweckt den Eindruck, es käme darauf an, wieviel man über das System weiß. Darauf kommt es natürlich gar nicht an. Es wäre doch viel besser, wenn man nicht von Information, sondern von Bestimmtheit oder Beschränkung spräche. Ich will das aber nicht weiter ausdehnen.

Mich würde interessieren, wie man mit der Thermodynamik der irreversiblen Prozesse in der letzten Zeit weitergekommen ist. In der Nähe des Gleichgewichts ist ja alles einfach, weil man weiß, daß es eine Funktion gibt, die wegen der stets wachsenden Entrope positiv sein muß. Solange man in der zweiten Näherung bleibt und sie z.B. durch die Ströme ausdrückt, bekommt man eine quadratische positiv definite Form. Man kann sie dann auf Hauptachsen transformieren, bekommt die voneinander unabhängigen Normalvariabeln, man gewinnt die Symmetriebedingungen und kann die linearen phänomenologischen Gleichungen aufstellen.

Wie geht es aber weiter? Da gibt es jetzt zwei Fragen:

1. Ist man mit höheren als den 2. Näherungen weitergekommen?

2. Bei allen derartigen Problemen kommt es vor, daß man mit einigen der Variabeln (Strömen oder Kräften) in der zweiten Näherung bleiben kann, mit andern aber in höhere Näherungen gehen muß. Dieser Fall tritt immer ein, wenn der Tensor der Dissipationsfunktion kleine und große Eigenwerte hat. Dann wird die Sache doch schwierig. Was macht man nun in solchen Fällen?

Professor Dr. phil. Josef Meixner

Darauf möchte ich folgendes sagen: Bei der Thermodynamik der irreversiblen Prozesse muß man zwischen Transportphänomenen und Umwandlungen unterscheiden. Bezüglich der Transportphänomene muß man in der Nähe des Gleichgewichts bleiben, wenn die Thermodynamik bei irreversiblen Prozessen überhaupt anwendbar sein soll. Aber selbst wenn Sie z. B. in Luft unter Normalbedingungen einen Temperaturgradienten von 100 000 Grad/cm haben, dann sind Sie in diesem Sinne noch in Gleichgewichtsnähe. Wenn Sie eine Stoßfront haben, dann sind Sie nicht mehr in Gleichgewichtsnähe. Dort versagt die Thermodynamik der irreversiblen Prozesse. Sie kann natürlich nicht alles, aber sie ist auch in diesem Falle nicht unnütz, denn man kann links und rechts von der Stoßfront die Thermodynamik der irreversiblen Prozesse anwenden und den kleinen Bereich dazwischen mit kinetischen Methoden behandeln.

Professor Dr. phil. Walter Weizel

Heißt Nähe des Gleichgewichts zweite Näherung in der quadratischen Dissipationsfunktion oder nicht?

Professor Dr. phil. Josef Meixner

Ja, so ist es jetzt. Bezüglich der chemischen Reaktionen sind wir in einer etwas unangenehmen Situation; denn wir können uns, solange wir uns auf lineare Gesetze beschränken, nur mit kleinen Abweichungen vom Gleichgewicht befassen. Diese sind aber auch nicht so uninteressant, weil sie das ganze Gebiet der Relaxationserscheinungen enthalten. Daß man in der Regel sich auf kleine Abweichungen vom Gleichgewicht beschränkt, hat eigentlich mehr einen mathematischen Grund, weil man dann eben, wie Sie sagten, alles machen kann. Im Falle chemischer Reaktionen ist man jedoch nicht notwendig auf Gleichgewichtsnähe beschränkt. Nur weiß man nicht, wie die Reaktionsgeschwindigkeiten von den Zustandsvariablen abhängen, solange man keine Kinetik macht. Im übrigen dehnt sich der Gültigkeitsbereich der Thermodynamik der irreversiblen Prozesse nach einer anderen Seite hin aus; ich möchte fast sagen, daß die Boltzmannsche Gleichung auch nichts anderes ist als ein spezielles Beispiel für die allgemeinen Gesetze der Thermodynamik der irreversiblen Prozesse. Das klingt vielleicht ein bißchen überspitzt, aber wenn Sie die statistische Mechanik mit der Thermodynamik vergleichen, dann ist es so, daß die Thermodynamik auch ziemlich weit in die statistische Mechanik hineinreicht und man keine scharfe Grenze ziehen kann.

Die neuere Entwicklung auf diesem Gebiet tendiert mehr nach der Begründung, möchte ich sagen, warum es irreversible Vorgänge gibt, da doch die Elementarprozesse und die Bewegungsgleichungen der atomaren Bausteine reversibel, d. h. gegen Zeitumkehr invariant sind. Nach dieser Richtung hin hat die moderne Entwicklung außerordentliche Fortschritte gemacht; ich weiß allerdings nicht, wie weit diese Dinge endgültig sind. Aber ich könnte vielleicht auf einen anderen Punkt hinweisen, der in diesem Zusammenhang Interesse verdient: Die mittleren Schwankungen im Gleichgewicht kann man ja mit den thermodynamischen Funktionen formulieren. Sie sind zwar etwas, das an sich über die Thermodynamik hinausgeht; was man jedoch zusätzlich zu den thermodynamischen Eigenschaften des Systems braucht, ist nur die Boltzmann-Konstante. Ebenso kann man auch die Zeitabhängigkeit der Schwankungsfunktionen mit den Gesetzen der Thermodynamik der irreversiblen Prozesse in Zusammenhang bringen. Es ist so, daß die Korrelationsfunktion der Schwankungsfunktion genau dieselben Gesetze erfüllt wie der irreversible Ablauf im Makroskopischen. Damit sind die Schwankungsfunktionen so weit charakterisiert, wie es die Wahrscheinlichkeitstheorie vermag, nämlich durch die Momente erster und zweiter Ordnung, wenigstens soweit es sich um Markoffprozesse handelt.

Professor Dr. phil. Walter Weizel

Sie sagten vorhin, man bemühe sich festzustellen, warum es überhaupt irreversible Prozesse gibt. Handelt es sich hierbei nicht um das Problem der Ergodenhypothese, das man schon in der statistischen Mechanik früher einmal durchexerziert hat, aber eigentlich ohne überzeugenden Erfolg. Als die Quantentheorie aufkam, entschloß man sich dazu, dieses Problem beiseitezulegen und sich nicht mehr darum zu kümmern. Es gehört in der Quantentheorie zu den Fragen, auf die es keine Antwort gibt. Wenn Sie die Frage neu aufgreifen, müssen Sie doch die Quantentheorie und die Thermodynamik unter einen anderen Hut bringen als den bisherigen. Mir scheint, Sie müssen das Ergodenproblem wieder aufgreifen und die Quantentheorie kausalisieren.

Professor Dr. phil. Josef Meixner

In dieser Richtung liegt die vorher erwähnte neuere Entwicklung; sie ist ebenso erfolgreich wie die Arbeiten zur Ergodenhypothese. Natürlich hat es einen erkenntnistheoretischen Wert, zu verstehen, wie die makroskopische Irreversibilität zustande kommt. Dazu kann ich Ihnen eine kleine Sache erzählen, die wir uns kürzlich überlegt haben. Wir haben nämlich eine „große" Entdeckung gemacht, auf Grund deren die elektrotechnischen Fabriken und Labors alle Widerstände wegwerfen können. Sie brauchen dann nur noch Induktivitäten und Kapazitäten, sonst nichts mehr. Man kann nämlich folgendes zeigen:

Man betrachte folgendes Netzwerk (Abb. 3) – das ist ganz einfach ein Widerstand und in Reihe damit geschaltet eine Kapazität. Wenn man dann einen Einschaltvorgang mit einer angelegten Spannung u (t) macht, dann bekommt man einen gewissen Strom i (t).

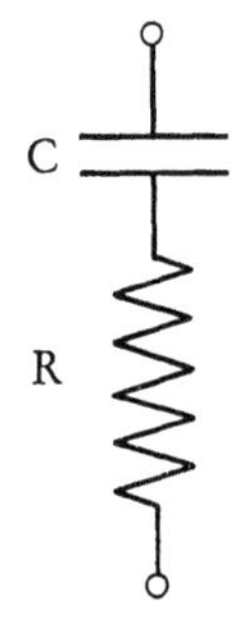

Abb. 3: Dissipatives Netzwerk mit Kapazität und Widerstand in Reihe.

Nun behaupte ich, daß man dieses Netzwerk im Hinblick auf diese Zuordnung durch ein Netzwerk ersetzen kann, das so aussieht wie Abbildung 4.

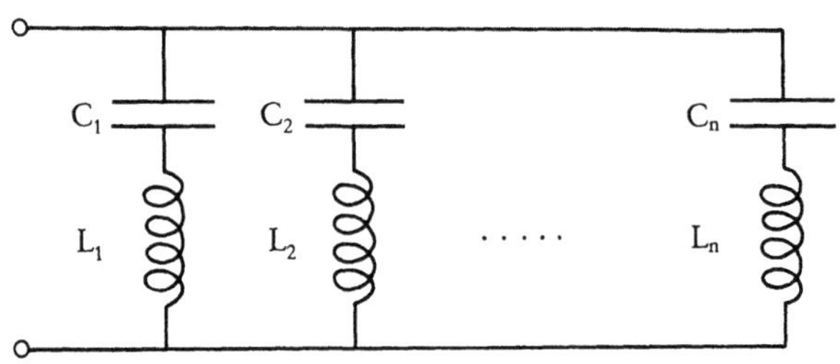

Abb. 4: Fast äquivalentes Netzwerk zum Netzwerk der Abb. 3 ohne Widerstände.

Es besteht also nur aus Kapazitäten und Induktivitäten, deren Werte allerdings in bestimmter Weise zu wählen sind. Dieses Netzwerk, das ich hier angezeichnet habe, reagiert auf eine angelegte Spannung, wenn ich nur die Zahl seiner Bausteine genügend groß wähle, genauso wie das erste Netzwerk mit einem Widerstand und einer Kapazität. Das heißt, es liefert bei gleichem Spannungsverlauf u (t) auch denselben Stromverlauf i (t). Sie werden jetzt sagen: Das kann ja gar nicht stimmen! Und das stimmt auch nicht, wenn ich nicht noch eine Einschränkung hinzufüge. Vielmehr gilt diese Aussage nur für ein gewisses Zeitintervall, vom Zeitpunkt des Einschaltens an gerechnet.

Aber wenn ich die Zahl der Bausteine nur genügend groß mache, kann ich meinetwegen für die Dauer von tausend Jahren vollkommene Äquivalenz haben. Es wäre nur nicht sehr wirtschaftlich. Theoretische Physiker sind allerdings nicht immer von wirtschaftlichen Gedanken belastet und nehmen bei ihren Entdeckungen daher auch nicht unbedingt Rücksicht auf sie. Ich bin aber seit vielen Jahren und, wie ich sagen darf, sehr gern an einer Technischen Hochschule und habe ein bißchen erfahren, daß wirtschaftliche Gesichtspunkte doch gelegentlich eine Rolle spielen. Und wenn ich hier Millionen oder Milliarden Kondensatoren und Induktivitäten verwenden müßte, um einen einzigen Widerstand zu ersetzen, dann wäre das doch ein bißchen teuer. Aber es zeigt doch ein wenig, glaube ich, den Zusammenhang zwischen Reversibilität und Irreversibilität. Für das irreversible Verhalten – das zeigten viele Untersuchungen in der letzten Zeit – kommt es offenbar darauf an, daß die Zahl der Bausteine groß wird, und wir werden ein solches Verhalten beobachten, wenn wir eine Million oder eine Milliarde oder noch mehr Moleküle etwa in einem Gas haben und nicht nur drei, vier oder zehn oder zwanzig. Die Zeitdauer, während der das irreversible Verhalten des makroskopischen Systems besteht, hängt von der Zahl der atomaren Bestandteile ab, und wenn sie nur genügend groß ist, dann dauert es auch genügend lange an, d. h. die Wiederkehrzeiten werden beliebig groß und über jedem menschlichen Zeitmaßstab liegen. – Das ist im übrigen nur ein Beispiel; ich kann dieselben Überlegungen für jedes andere Netzwerk durchführen.

Professor Dr.-Ing. Herbert Wagner

Ich möchte sagen, daß vom Standpunkt der Analogie die Erfindung der Umkehrung schon bestand, und zwar kam es während des Krieges auf, daß man alle Netzwerke statt mit Kapazitäten mit Induktivitäten als die RC-Kreise ausführen kann; allerdings braucht man noch einen Verstärker. Das war ein ganz großer Fortschritt der V2-Leute, wobei Steinhoff ziemlich führend war. Man konnte schön kurze und lange Zeitkonstanten machen.

Professor Dr. phil. Josef Meixner

Man kann natürlich die Betrachtungen, die ich hier gemacht habe, auch umgekehrt machen!

Professor Dr.-Ing. Herbert Wagner

Die Umkehrung war ein ganz großer Fortschritt. Die komplizierten Rechengeräte sind eigentlich erst entstanden, nachdem man die Umkehrung entdeckt hatte.

Ich habe noch eine Frage, die sicher jetzt reizvoll ist: Was ist die elektrische Entropie? Also das Äquivalent der Entropie, wenn man es elektrisch sieht?

Professor Dr. phil. Josef Meixner

Eine elektrische Entropie gibt es eigentlich nicht, aber man kann ganz genau sagen, wie groß die erzeugte Entropie bei elektrischen Vorgängen ist. Das ist in dem Falle der Netzwerke einfach die Joulesche Wärme dividiert durch die Temperatur des Widerstandes.

Professor Dr.-Ing. Herbert Wagner

Also braucht man nur die Temperatur des Widerstandes durch die elektrische Entropiezunahme zu dividieren! Das ist eigentlich erstaunlich, nachdem alle elektrischen Vorgänge, wenn man den Widerstand definiert, schon bestimmt sind.

Professor Dr. phil. Josef Meixner

In der ganzen Netzwerktheorie tut man immer so, als ob die Widerstände von der Temperatur unabhängig sind, und dann ist Ihre Bemerkung auch richtig. Tatsächlich sind sie von der Temperatur abhängig, und damit sind die Netzwerke nicht mehr streng linear. Der Stromverlauf wird dann durch die Aufheizung der Widerstände beeinflußt und ist dann nicht mehr allein durch die angelegte elektrische Spannung bestimmt.

Professor Dr.-Ing. Herbert Wagner

Man kann nicht alles machen, indem man Q durch die Temperatur teilt.

Professor Dr. phil. Josef Meixner

In dem genannten Fall ist der Wärmebegriff jedenfalls ganz eindeutig und klar, aber Q/T ist hier, wenn Q die Joulesche Wärme darstellt, nicht mehr die Entropieänderung, sondern die Entropieproduktion.

Professor Dr.-Ing. Wilhelm Fucks

Herr Meixner hat im Rahmen seiner grundlegenden Arbeit zur statistischen Thermodynamik auch Relaxationserscheinungen klassischer Systeme behandelt. Er hat diesen Teil seiner Arbeit durch einen Schüler in den letzten Jahren auf quantentheoretische Systeme übertragen lassen. Die Arbeit von Herrn Meixner und auch die letztgenannte Arbeit beweisen die bemerkenswerte Kraft der allgemeinen Gedankengänge, die diesen Theorien zugrunde liegen. In der letztgenannten Arbeit spielt z. B. eine Beziehung zwischen sogenannten Flüssen und Aktivitäten eine wichtige Rolle, die sich durch einen 16komponentigen Tensor ausdrückt. Aussagen über diese Komponenten in konkreten Fällen konnte man früher nur mit speziellen Modellvorstellungen gewinnen. Die allgemeinen Überlegungen der genannten Theorien reduzieren die Zahl der Komponenten dieses Tensors sogleich ganz allgemein auf acht unabhängige Komponenten.

Herr Meixner hat über die Bedeutung der Thermodynamik gesprochen und vielleicht könnte dazu die Bemerkung von Interesse sein, daß in der ersten Hälfte des vorigen Jahrhunderts, als man anfing, mit thermodynamischen Überlegungen den neu aufkommenden Problemen der Kraftmaschinentechnik eine wissenschaftliche Grundlage zu geben, diese Wissenschaft zunächst nicht sehr gut aufgenommen worden ist, weil sie, wie man meinte, den Versuch machte, ein Gefühl, nämlich die Wärme, quantitativ mit Gleichungen zu beherrschen.

Herr Meixner ist auch auf die moderne Plasmaphysik zu sprechen gekommen und er hat generell Bemerkungen zur Problematik des Temperaturbegriffes gemacht. Diese Ausführungen bestätigen sich bei den in verschiedenen Ländern zur Zeit durchgeführten Arbeiten über das Hochtemperaturplasma sehr eindringlich. Dies drückt sich z. B. darin aus, daß die Werte, welche von verschiedenen Gruppen, die auf diesem Gebiet arbeiten, als maximal von ihnen erreichte Ionentemperaturen angegeben worden sind, als umstritten gelten müssen, so daß im Augenblick keine dieser Gruppen in der Öffentlichkeit noch den Anspruch erhebt, daß die früher veröffentlichten, vermeintlich überzeugend gemessenen hohen Ionentemperaturen wirklich erreicht worden sind.

AUSWAHL AUS DEN VERÖFFENTLICHUNGEN DER ARBEITSGEMEINSCHAFT FÜR FORSCHUNG DES LANDES NORDRHEIN-WESTFALEN

NATURWISSENSCHAFTEN

HEFT 2

Prof. Dr.-Ing. Wolfgang Riezler, Bonn
Probleme der Kernphysik

Prof. Dr. Fritz Micheel, Münster
Isotope als Forschungsmittel in der Chemie und Biochemie

1951, 40 Seiten, 10 Abb., kartoniert DM 2,40

HEFT 18

Prof. Dr. Dr. Werner Schulemann, Bonn
Theorie und Praxis pharmakologischer Forschung

Prof. Dr. Wilhelm Groth, Bonn
Technische Verfahren zur Isotopentrennung

1953, 72 Seiten, 17 Abb., kartoniert DM 4,—

HEFT 21

Prof. Dr. Robert Schwarz, Aachen
Wesen und Bedeutung der Silicium-Chemie

Prof. Dr. Dr. h. c. Kurt Alder †, Köln
Fortschritte in der Synthese der Kohlenstoffverbindungen

1954, 76 Seiten, 49 Abb., kartoniert DM 4,—

HEFT 25

Prof. Dr. Otto Haxel, Heidelberg
Energiegewinnung aus Kernprozessen

Dr.-Ing. Dr. Max Wolf, Düsseldorf
Gegenwartsprobleme der energiewirtschaftlichen Forschung

1953, 98 Seiten, 27 Abb., kartoniert DM 5,25

HEFT 36

Prof. Dr. Wolfgang Riezler, Bonn
Teilchenbeschleuniger

Prof. Dr. Gerhard Schubert, Hamburg
Anwendung neuer Strahlenquellen in der Krebstherapie

1954, 104 Seiten, 43 Abb., kartoniert DM 7,—

HEFT 44

Prof. Dr. Burckhardt Helferich, Bonn
Über Glykoside

Prof. Dr. Fritz Micheel, Münster
Kohlenhydrat-Eiweiß-Verbindungen und ihre biochemische Bedeutung

1956, 70 Seiten, 67 Abb., kartoniert DM 4,60

HEFT 54a

Sir John Cockcroft, London
Die friedliche Anwendung der Atomenergie

1956, 42 Seiten, 26 Abb., kartoniert DM 3,—

HEFT 59

Prof. Dr. Richard Courant, New York
Die Bedeutung der modernen mathematischen Rechenmaschinen für mathematische Probleme der Hydrodynamik und Reaktortechnik

Prof. Dr. Ernst Peschl, Bonn
Die Rolle der komplexen Zahlen in der Mathematik und die Bedeutung der komplexen Analysis

1958, 86 Seiten, 3 Abb., kartoniert DM 4,85

HEFT 65a

Prof. Dr. Siegfried Strugger, Münster
Die elektronenmikroskopische Darstellung der Feinstruktur des Protoplasmas mit Hilfe der Uranylmethode und die zukünftige Bedeutung für die Erforschung der Strahlenwirkung

In Vorbereitung

HEFT 67

Prof. Friedrich Paneth F. R. S. †, Mainz
Die Bedeutung der Isotopenforschung für geochemische und kosmochemische Probleme

Prof. Dr. J. Hans D. Jensen und Dipl.-Phys. H. A. Weidenmüller, Heidelberg
Die Nichterhaltung der Parität

1958, 52 Seiten, 6 Abb., 9 Tab., kartoniert DM 3,60

HEFT 69a

Prof. Dr. H. W. Melville, London
Die Anwendung von radioaktiven Isotopen und hoher Energiestrahlung in der polymeren Chemie

1958, 32 Seiten, kartoniert DM 2,10

HEFT 74

Prof. Dr.-Ing. Martin Kersten, Aachen
Neuere Versuche zur physikalischen Deutung technischer Magnetisierungsvorgänge

Prof. Dr. rer. nat. Günther Leibfried, Aachen
Zur Theorie idealer Kristalle

1958, 52 Seiten, 22 Abb., kartoniert DM 4,50

HEFT 75

Prof. Dr. W. Klemm, Münster
Neue Wertigkeitsstufen bei den Übergangselementen

Prof. Dr.-Ing. H. Zahn, Aachen
Die Wollforschung in Chemie und Physik von heute

In Vorbereitung

GPSR Compliance

The European Union's (EU) General Product Safety Regulation (GPSR) is a set of rules that requires consumer products to be safe and our obligations to ensure this.

If you have any concerns about our products, you can contact us on ProductSafety@springernature.com

In case Publisher is established outside the EU, the EU authorized representative is:

Springer Nature Customer Service Center GmbH
Europaplatz 3
69115 Heidelberg, Germany

Batch number: 10584556

Printed by Printforce, the Netherlands